新编21世纪高等职业教育精品教材
装备制造类

工业机器人应用编程

主　编◎杨　威　陈淑玲　孙海亮
副主编◎张博艺　刘会景　郑建军
陈　巍　谢　正　黄　鑫
高　霞　刘　康　张浩浩
朱东霞　谭家政
参　编◎刘琳琳　华　滨　姚小飞
卢小源　李　亮　王双双
刘　丰　余　尧

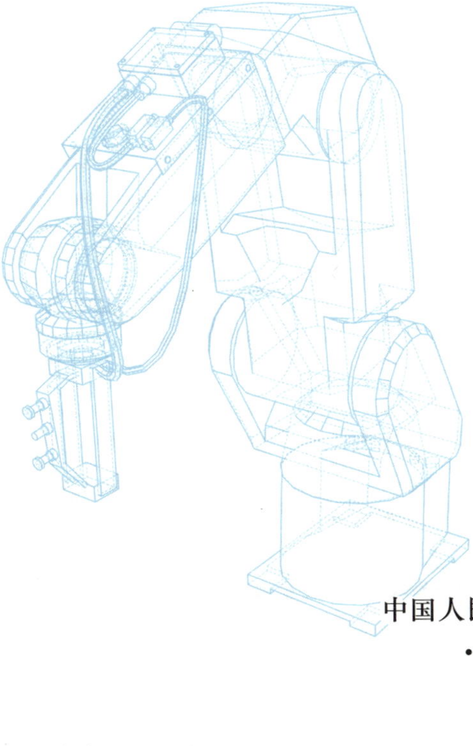

中国人民大学出版社
·北京·

图书在版编目（CIP）数据

工业机器人应用编程 / 杨威，陈淑玲，孙海亮主编 . 北京：中国人民大学出版社，2025. 6. --（新编 21 世纪高等职业教育精品教材）. -- ISBN 978-7-300-34046-3

Ⅰ . TP242.2

中国国家版本馆 CIP 数据核字第 2025CD5954 号

新编21世纪高等职业教育精品教材·装备制造类

工业机器人应用编程

主　编　杨　威　陈淑玲　孙海亮

副主编　张博艺　刘会景　郑建军　陈　巍　谢　正　黄　鑫　高　霞　刘　康
　　　　张浩浩　朱东霞　谭家政

参　编　刘琳琳　华　滨　姚小飞　卢小源　李　亮　王双双　刘　丰　余　尧

Gongye Jiqiren Yingyong Biancheng

出版发行	中国人民大学出版社		
社　　址	北京中关村大街 31 号	**邮政编码**	100080
电　　话	010 – 62511242（总编室）		010 – 62511770（质管部）
	010 – 82501766（邮购部）		010 – 62514148（门市部）
	010 – 62515195（发行公司）		010 – 62515275（盗版举报）
网　　址	http://www.crup.com.cn		
经　　销	新华书店		
印　　刷	中煤（北京）印务有限公司		
开　　本	787 mm × 1092 mm　1/16	**版　　次**	2025 年 6 月第 1 版
印　　张	13.25	**印　　次**	2025 年 6 月第 1 次印刷
字　　数	270 000	**定　　价**	59.00 元

P R E F A C E

前言

党的二十大报告指出，教育、科技、人才是全面建设社会主义现代化国家的基础性、战略性支撑。教育是国之大计、党之大计。职业教育是我国教育体系的重要组成部分，肩负着“为党育人、为国育才”的神圣使命。本书以习近平新时代中国特色社会主义思想为指导，深入贯彻落实党的二十大精神，将思想道德建设与专业素质培养融为一体，着力培养爱党爱国、敬业奉献、具有工匠精神的高素质技能人才。

机器人被誉为“制造业皇冠顶端的明珠”，其研发、制造、应用是衡量一个国家科技创新和高端制造业水平的重要标志之一。随着中国制造业的转型升级，中国正从制造大国走向制造强国，工业机器人进入爆发式增长阶段，企业对工业机器人技术人才的需求极为迫切。党的二十大报告明确提出“推动制造业高端化、智能化、绿色化发展”，为工业机器人技术发展指明了方向。本书深入贯彻落实党的二十大精神，聚焦制造强国、质量强国建设目标，将“坚持科技是第一生产力、人才是第一资源、创新是第一动力”贯穿教材开发全过程。“工业机器人现场应用编程”是职业院校工业机器人技术专业的专业核心课程。课程内容的核心在于掌握工业现场中工业机器人的编程、调试、运行与维护等必备的岗位能力。

本书由长期从事工业机器人技术教学、工程应用、技能竞赛和职业技能评价等方面的教师和企业工程师编写，以国产华数机器人为主要对象，将理论与实践相结合，紧跟企业需求，真正体现工学结合的特点。在编写过程中力求做到“理论先进，注重实践，学以致用”，突出对读者实践能力和创新素质的培养。本书与传统学科体系教材相比，具有以下特征。

（1）岗课赛证融通。本书依据高等职业学校工业机器人技术专业教学标准、工业机器人系统操作员国家职业技能标准、工业机器人系统运维员国家职业技能标准、1+X工业机器人应用编程职业技能等级标准，结合全国职业院校技能大赛中的工业机器人系统集成的考点要求编写。本书将工作领域、典型工作任务、技能点有机融入7个教学项目中，实现了课堂教学和职业岗位技能要求的有机融合。教材内容糅合了工业机器人操作与编程的理论知识和行业发展的新技术、新工艺、新规范、新要求，不但适用于职业院校的教学、证书考试培训，还可供企业技能培训使用。

（2）工作过程导向。本书以工业机器人编程调试工程师岗位的工作过程为主线，以典型工作任务为载体，将岗位需要的操作技能和专业知识加以重组，以工作过程导向的任务为引领，让读者在“学做”的过程中，理解“为什么做”，懂得“该怎么做”“如何做得更好”。本书中的每个项目均按工作过程导向开展，读者可以从“项目分析”环节入手，通过“相关知识”获取资讯、专业知识和技术点，做好准备；开展“项目实施”；完成“项目报告”，对照“任务评价”，检验技能与知识的掌握情况，检验是否达到学习目标的要求。

（3）数字化资源。本书采用“纸质教材+数字资源”的方式，配备数字化课程资源，通过二维码将数字化资源与课程的知识点结合在一起。本书的项目由实际应用案例视频作引导，让读者了解实际应用，从实践开始学习具体知识和技能，对关键操作步骤配置相应的视频讲解，同时配置项目实施演示视频，充分调动读者学习的积极性。

（4）校企双师协同。本书由校企双师协同开发，书中的所有案例均来自企业的真实案例，通过对大量的企业进行实践和调研，提取典型工作任务，利用规范的工程算法逻辑和形象的控制流程图，将企业的经验固定下来，结合“四新”要求，帮助读者逐步养成清晰的程序思维习惯、严谨的工程逻辑，培养精益求精、追求卓越的工匠精神。

本书由杨威、陈淑玲、孙海亮担任主编，张博艺、刘会景、郑建军、陈巍、谢正、黄鑫、高霞、刘康、张浩浩、朱东霞、谭家政担任副主编，刘琳琳、华滨、姚小飞、卢小源、李亮、王双双、刘丰、余尧担任参编，本书在编写过程中得到了武汉华中数控股份有限公司的大力帮助，编者也参阅了相关的教材及技术文献，在此一并表示衷心的感谢。

由于编者水平所限，书中难免有疏漏和错误之处，恳请广大读者批评指正。

编者

C O N T E N T S

目录

项目一

工业机器人应用须知

项目分析

工业机器人是面向工业领域的多关节机械手或多自由度的机器装置，它能自动执行工作，依靠自身动力和控制能力来实现各种功能。了解工业机器人的发展、种类和应用领域，认识工业机器人的系统结构和技术参数，熟悉工业机器人操作的注意事项，是进行工业机器人编程调试的前提。本书主要以华数机器人为例进行介绍，其他品牌工业机器人的原理与操作请参考其使用说明书。

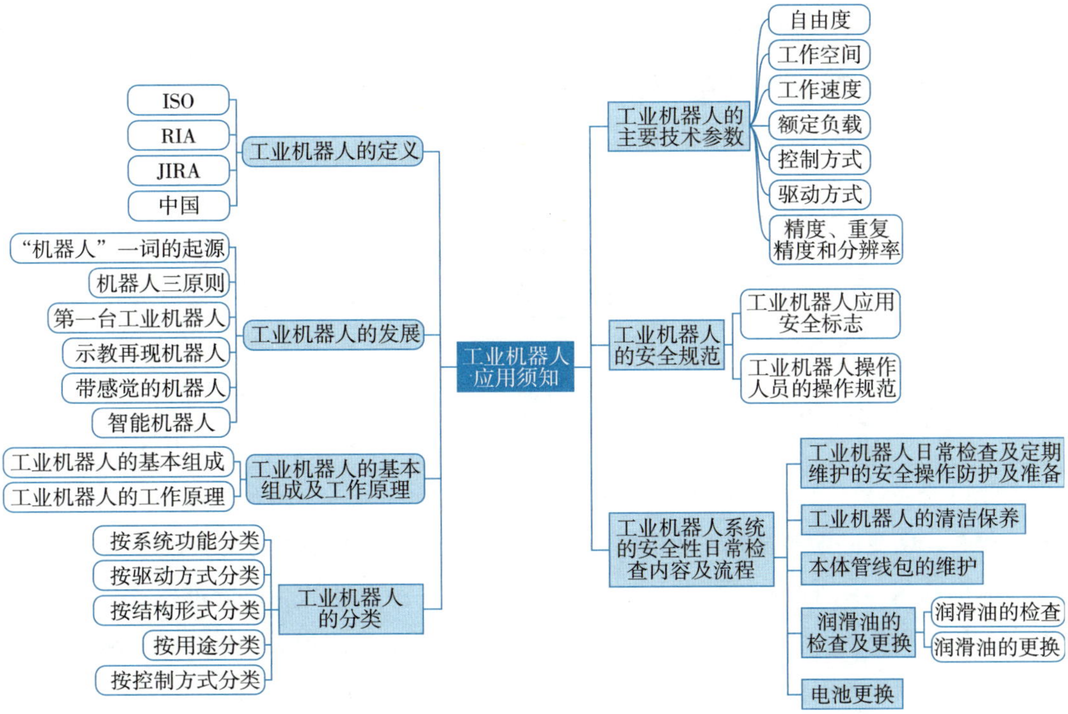

学习目标

知识目标

- 了解工业机器人的定义和发展历史。
- 了解工业机器人系统的基本组成和工作原理。
- 了解工业机器人的分类和主要技术参数。
- 掌握工业机器人的操作安全注意事项。
- 了解工业机器人的日常检查和定期维护内容。

能力目标

- 能够指出工业机器人的典型结构。
- 能够列出工业机器人的典型应用。
- 能够掌握工业机器人安全操作注意事项。
- 能够进行工业机器人的日常维护和保养。

素养目标

- 通过学习知识，养成自主学习的习惯。
- 通过实施项目，养成精益求精、追求卓越的工匠精神。
- 通过组内合作，提高团队协作及沟通能力。

相关知识

一、工业机器人的定义

工业机器人是机器人家族中的重要一员，也是目前在技术上发展最成熟、应用最多的一种机器人。现在世界各国对工业机器人的定义不相同，但是基本含义一致。

国际标准化组织（ISO）对工业机器人的定义：一种自动的、位置可控的、具有编程能力的多功能操作机，这种操作机具有几个轴，能够借助可编程操作来处理各种材料、零件、工具和专用装置，执行各种任务。目前国际上大多采用ISO的定义。

美国机器人工业协会（RIA）对工业机器人的定义：一种用于移动各种材料、零件、工具或专用装置，通过可编程序动作来执行种种任务并具有编程能力的多功能机械手。

日本工业机器人协会（JIRA）对工业机器人的定义：一种装备记忆装置和末端执行器的能够转动并通过自动完成各种移动来代替人类劳动的通用机器。

我国对工业机器人的定义为：一种自动定位控制、可重复编程、多功能、多自由度的操作机。操作机被定义为：具有和人手臂相似的动作功能，可在空间抓取物体或进行其他操作的机械装置。

尽管各国对工业机器人的定义不同，但基本上指明了“工业机器人”所具有的共同点为：

（1）工业机器人的动作机构具有类似于人或其他生物的某些器官的功能，即仿生特征。

（2）是一种自动机械装置，可以在无人参与（独立性）的情况下自动完成多种操作或动作功能，即自动特征。

（3）可以再编程，程序流程可变，对作业具有广泛适应性，即柔性特征。

（4）具有不同程度的智能性，如记忆、感知、推理、决策、学习，即智能特征。

二、工业机器人的发展

1920年，捷克作家卡·恰佩克发表了科幻剧本《罗素姆万能机器人》。恰佩克在剧本中首次提到Robota（捷克文“苦工，劳役”）引起了广泛关注，被当成了“机器人”一词的起源。

1950年，美国作家艾萨克·阿西莫夫在他的科幻小说《我，机器人》中首次使用了“Robotics”，即“机器人学”。阿西莫夫提出了“机器人三原则”：

（1）机器人不应伤害人类，且在人类受到伤害时不可袖手旁观；

（2）机器人应遵守人类的命令，与第一条违背的命令除外；

（3）机器人应能保护自己，与第一条相抵触者除外。

1954年，美国人乔治·德沃尔提出了第一个工业机器人方案，并申请专利。后来，乔治·德沃尔和约瑟夫·英格柏格成立了一家名为Unimation的公司。

1959年，乔治·德沃尔和约瑟夫·英格柏格发明了世界上第一台工业机器人，如图1–1所示，命名为Unimate（尤尼梅特），意思是“万能自动”。

1961年，Unimation公司在美国通用汽车公司安装并运行了工业机器人Unimate。这台工业机器人用于安装汽车的门、车窗把柄、换挡旋钮、灯具固定架，以及汽车内部的其他硬件，如图1–2所示。

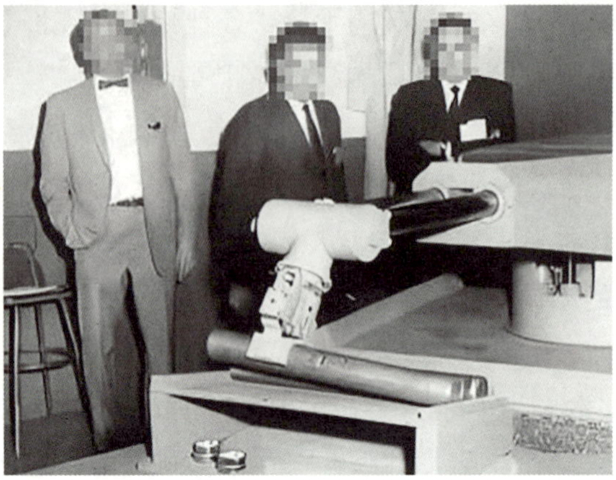

图 1-1　Unimate 机器人

图 1-2　Unimate 机器人应用

20 世纪 60 ~ 70 年代是机器人技术获得巨大发展的阶段，日本、西欧各国、苏联相继引进或自行研制工业机器人，图 1-3 所示为欧洲生产的第一台工业机器人，图 1-4 所示为日本生产的第一台工业机器人。

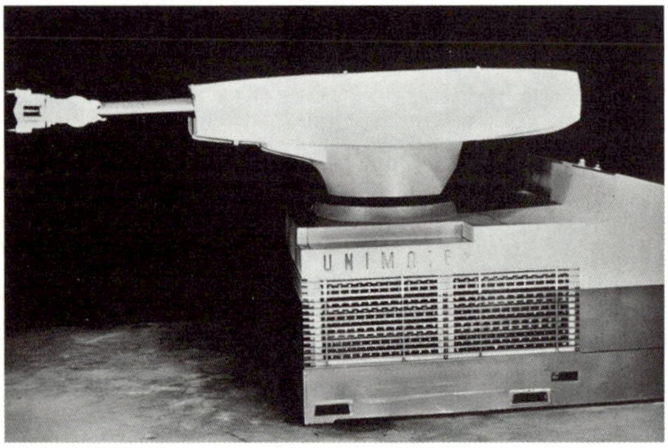

图 1-3　欧洲生产的第一台工业机器人

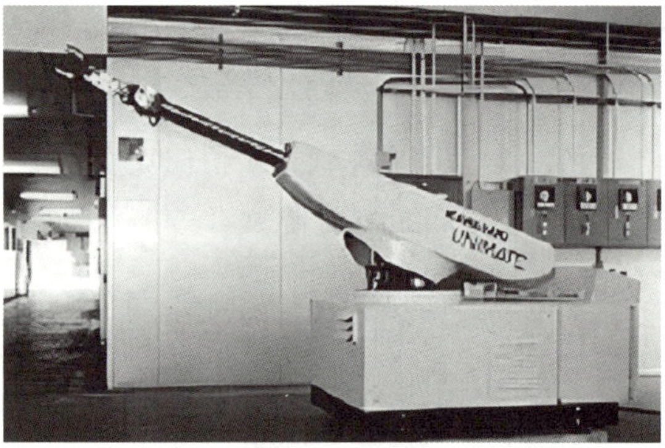

图 1-4　日本生产的第一台工业机器人

20 世纪 80 年代，机器人在一些国家的工业中大量应用，用于焊接、喷漆、搬运、装配，并向其他领域拓展，如航天、水下作业、排险、核工业等，随着机器人的感知技术得到一定的发展，出现了示教再现机器人。

20 世纪 90 年代，机器人在发达国家的应用更为广泛，如军事、医疗、服务、娱乐等领域，并开始向智能机器人发展，图 1-5 所示为索尼 3SR-3X 机器人表演金鸡独立。

图 1-5　索尼 3SR-3X 机器人表演金鸡独立

21世纪以来，随着计算机和人工智能技术的飞速发展，机器人技术迎来了新的突破。智能机器人应运而生，它们不仅具备感知功能，还能模仿人类的逻辑推理过程。通过运用人工智能、模糊控制、神经网络等前沿技术，这些智能机器人在智能计算机的操控下，能够感知自身的状态和周边的作业环境，并结合知识库进行推理和决策，实现对机器人作业的多变量实时智能控制。

工业机器人的发展过程可分为三个阶段：

第一代机器人——示教再现机器人。是一种可重复再现通过示教编程存储起来的作业程序的机器人。操作者通过编程实时在线示教程序来实现机器人的示教，而机器人本身凭记忆操作，故能不断重复再现，如图1–6所示。

第二代机器人——带感觉的机器人。对外界环境有一定的感知能力，并具有听觉、视觉、触觉等功能。工作时，根据感觉器官（传感器）获得信息，灵活调整自己的工作状态，保证在适应环境的情况下完成工作。比如，有触觉的机械手可轻松自如地抓取鸡蛋，有嗅觉的机器人能分辨不同的饮料和酒类，如图1–7所示。

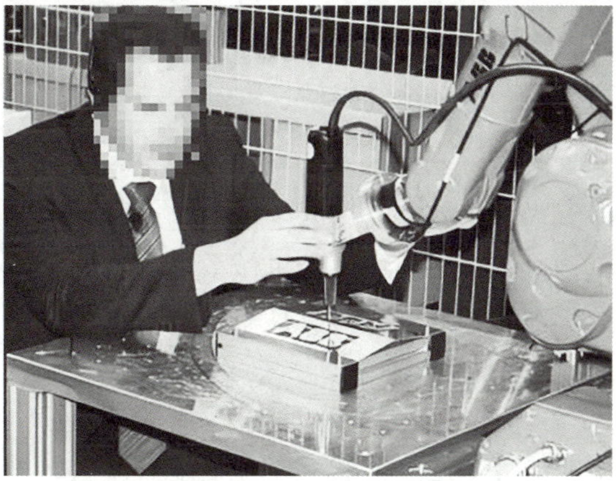

图1–6　示教再现机器人

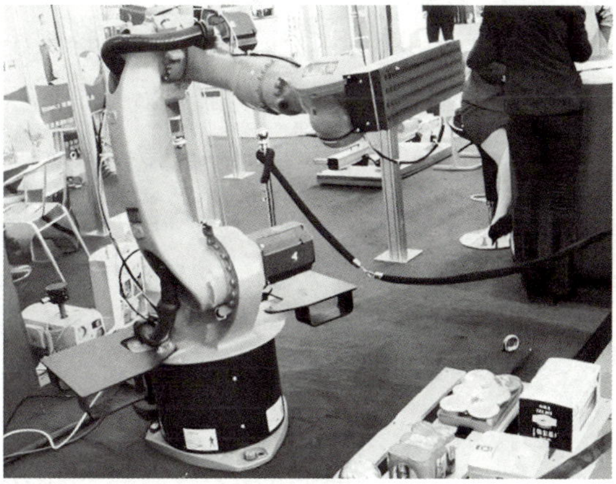

图1–7　机器人分辨饮料

第三代机器人——智能机器人。有相当发达的“大脑”。具有自主思考、判断能力。

三、工业机器人的基本组成及工作原理

（一）工业机器人的基本组成

现代工业机器人由三大部分六个子系统组成，如图1–8所示。三大部分分别是机械部分、控制部分和传感部分。六个子系统分别是驱动系统、机械结构系统、人机交互系统、控制系统、感受（传感）系统、机器人与环境交互系统。三大部分六个子系统构成一个统一的整体。

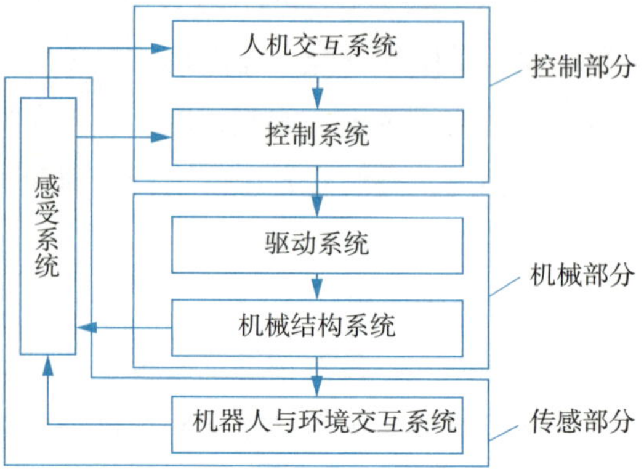

图 1–8　工业机器人的组成

1. 机械部分

机械部分是机器人的血肉组成部分，也称为机器人的本体，主要分为两个子系统：驱动系统、机械结构系统。

（1）驱动系统。若要使机器人运行起来，就需要在其各个关节安装传动装置，用以使执行机构产生相应的动作，这就是驱动系统。它的作用是提供机器人各部分、各关节动作的原动力。驱动系统的传动部分可以是液压传动系统、电动传动系统、气动传动系统，也可以是几种系统结合起来的综合传动系统。

（2）机械结构系统。工业机器人的机械结构主要由三大部分构成：机座、手臂和手部（也叫末端操作器）。每个部分具有若干自由度，构成一个多自由度的机械系统。末端操作器是直接安装在手腕上的重要部件，它可以是多手指的手爪，也可以是喷漆枪、焊具等作业工具。

2. 控制部分

控制部分相当于机器人的大脑，可以直接或者通过人工对机器人的动作进行控制。控制部分也可以分为两个子系统：人机交互系统和控制系统。

（1）人机交互系统。人机交互系统是使操作人员参与机器人控制并与机器人进行联系的装置，例如计算机的标准终端、指令控制台、信息显示板、危险信号警报器、示教盒等。人机交互系统可以分为两大部分：指令给定系统和信息显示装置。

（2）控制系统。控制系统主要是根据机器人的作业指令程序以及从传感器反馈回来的信号，支配执行机构去完成规定的运动和功能。根据控制原理，控制系统可以分为程序控制系统、适应性控制系统和人工智能控制系统三种。根据运动形式，控制系统可以分为点位控制系统和轨迹控制系统两类。

3. 传感部分

传感部分相当于机器人的五官，机器人可以通过传感部分来感觉机器人自身和外部环境状况，帮助机器人工作更加精确。这部分主要分为两个子系统：感受（传感）系统和机器人与环境交互系统。

（1）感受（传感）系统。感受系统由内部传感器模块和外部传感器模块组成，用于获取机器人内部和外部环境状态中有意义的信息。智能传感器可以提高机器人的机动性、适应性和智能化水准。对于一些特殊的信息，传感器的灵敏度甚至可以超越人类感觉系统的灵敏度。

（2）机器人与环境交互系统。机器人与环境交互系统是实现工业机器人与外部环境中的设备相互联系和协调的系统。工业机器人可与外部设备集成为功能单元，如加工制造单元、焊接单元、装配单元等。多台机器人、多台机床设备、多个零件存储装置可以集成为能执行复杂任务的功能单元。

通过三大部分六个子系统的协调作业，使工业机器人成为具有高精密度的机械设备，其有工作精度高、稳定性强、工作速度快等特点，为企业提高生产效率和产品质量奠定了基础。

（二）工业机器人的工作原理

机器人的原理是模仿人的各种肢体动作、思维方式和控制决策能力。从控制的角度来看，机器人可以通过示教再现、可编程控制、遥控、自主控制四种方式来达到这一目标。

工业机器人的基本工作原理是示教再现。示教也称作导引，即由操作者直接手把手或者利用示教盒引导机器人按实际任务逐步操作一遍，机器人在示教过程中自动记忆示教的每个动作的位置、姿态、运动参数（工艺参数）等并加以存储，并生成连续执行全部操作的程序。整个示教再现过程分为示教—存储—再现—操作四步。完成示教后，操作者只需给机器人一个起动命令，机器人将精确地按示教动作一步步完成全部操作。工业机器人示教再现工作原理如图1–9所示。

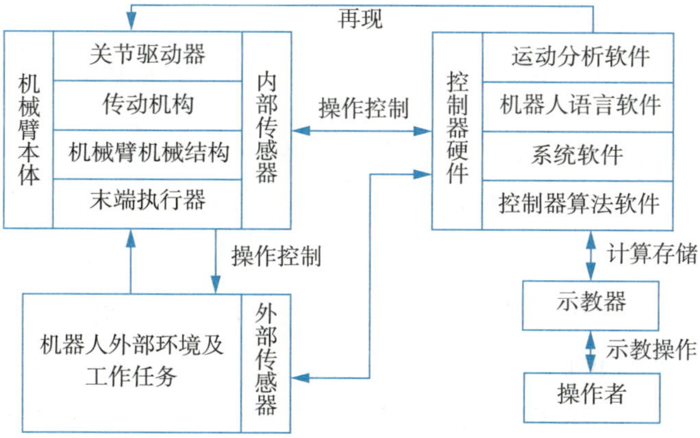

图1–9　工业机器人示教再现工作原理

四、工业机器人的分类

给工业机器人分类的方法很多，这里按机器人的系统功能、驱动方式、结构形式、用途、控制方式进行分类。

（一）按系统功能分类

1. 专用机器人

专用机器人在固定地点以固定程序工作，无独立的控制系统，具有动作少、工作对象单一、结构简单、使用可靠和造价低的特点，例如附属于加工中心机床上的自动换刀机械手。

2. 通用机器人

通用机器人是一种具有独立控制系统、动作灵活多样、通过改变控制程序能完成多作业的机器人。通用机器人的结构较复杂，工作范围大，定位精度高，通用性强，适用于不断变换生产品种的柔性制造系统。

3. 示教再现机器人

示教再现机器人具有记忆功能，可完成复杂动作，适用于多工位和经常变换工作路线的作业。示教再现机器人比一般的通用机器人先进在编程方法上，能采用示教法进行编程，可由操作者手动控制示教再现机器人做一遍操作示范，完成全部动作过程以后，机器人的存储装置便能记忆所有工作的顺序。此后，机器人便能“再现”操作者教给它的动作。

4. 智能机器人

智能机器人具有视觉、听觉、触觉等各种感觉功能，能够通过比较识别做出决策，自动进行反馈补偿，完成预定的工作。智能机器人采用计算机控制，是一种有人工智能的工业机器人。

（二）按驱动方式分类

1. 电气驱动机器人

电气驱动机器人是由交流/直流伺服电动机、直线电动机或功率步进电动机驱动的机器人。它不需要中间转换机构，故机械结构简单。近年来，机械制造业大量采用电气驱动机器人。

2. 气压传动机器人

气压传动机器人是一种以压缩空气来驱动执行机构运动的机器人，具有动作迅速、结构简单、成本低的特点，但因空气具有可压缩性，往往会造成机器人工作速度稳定性差，加之气源压力较低，气压传动机器人一般抓重不超过30kg，适合在高速、轻载、高温和粉尘大的环境中作业。

3. 液压驱动机器人

液压驱动机器人有很大的抓取能力，其液压传动平稳，动作灵敏，但对密封性要求高，不宜在高温或低温现场工作。

（三）按结构形式分类

1. 直角坐标机器人

如图1–10所示，直角坐标机器人的主机架由三个相互正交的平移轴组成，通过机器人手臂的上下左右移动和前后伸缩构成直角坐标系，直角坐标机器人具有结构简单、定位精度高的特点。

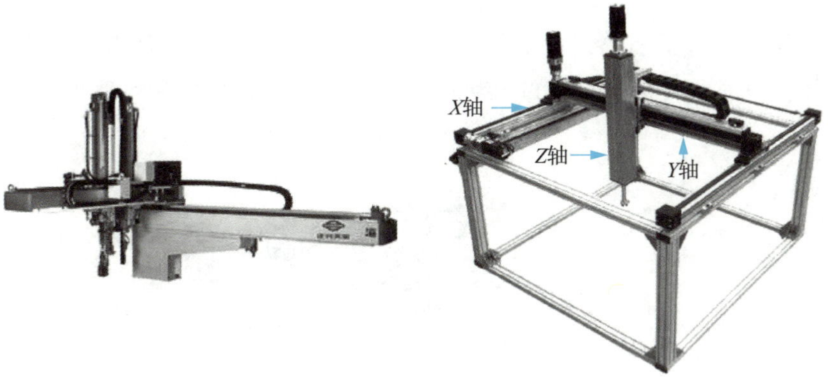

图1–10　直角坐标机器人

2. 圆柱坐标机器人

如图1–11所示，圆柱坐标机器人由立柱和安装在立柱上的水平臂构成。立柱安装在回转机座上，水平臂可以伸缩，它的滑鞍可沿立柱上下移动。因此，圆柱坐标机器人具有一个旋转轴和两个平移轴。

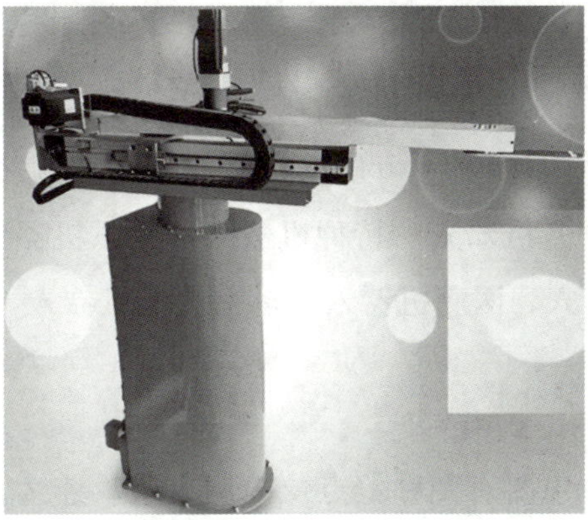

图1–11　圆柱坐标机器人

3. 极坐标机器人

如图1–12所示，极坐标机器人手臂的运动由一个直线运动和两个转动构成，即手臂的伸缩运动、绕垂直轴线的回转运动（回转运动）、绕水平轴线的回转运动（俯仰运动）。通常把回转运动及俯仰运动归属于机身。极坐标机器人占地面积小、结构紧凑、位置精度尚可，但其避障性差、常有平衡问题。

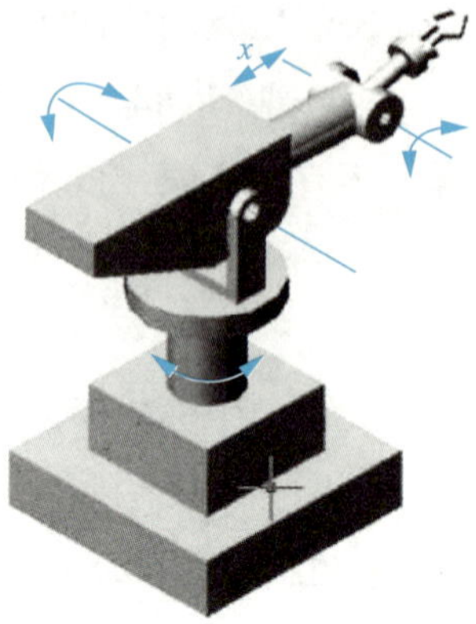

图1–12　极坐标机器人

4. 关节机器人

如图1–13所示，关节机器人手臂的运动类似于人的手臂运动，关节机器人由大小两臂的立柱等机构组成。大小臂之间用铰链连接形成肘关节，大臂和立柱连接形成肩关节，可实现三个方向的旋转运动。关节机器人能够抓取靠近机座的物体，也能绕过机体和目标间的障碍物去抓取物体，具有较快的运动速度和极好的灵活性，成为通用的机器人。

图1–13　关节机器人

（四）按用途分类

按照工业机器人的具体工作用途，可分为装配机器人、弧焊机器人、搬运机器人、点焊机器人、喷涂机器人、抛光机器人、特种机器人（水下机器人、空间机器人、军用机器人、教学机器人、服务机器人、医用机器人、排险救灾机器人）等。

（五）按控制方式分类

工业机器人的控制方式主要有四种：点位控制方式、连续轨迹控制方式、力矩控制方式、智能控制方式。

1. 点位控制方式

点位控制方式的特点是只控制工业机器人末端执行器在作业空间中某些规定的离散点上的位置。控制时只要求工业机器人快速、准确地实现相邻各点之间的运动，而对达到目标点的运动轨迹则不作任何规定。这种控制方式的主要技术指标是定位精度和运动所需的时间。由于其具有控制方式易于实现、对定位精度要求不高的特点，点位控制方式常被应用在上下料、搬运、点焊和在电路板上安插元件等只要求在目标点处保持末端执行器位姿准确的作业中。一般来说，点位控制方式比较简单，但是要达到2～3μm的定位精度是相当困难的。

2. 连续轨迹控制方式

采用连续轨迹控制方式可连续地控制工业机器人末端执行器在作业空间中的位姿，要求其严格按照预定的轨迹和速度在一定的精度范围内运动，而且速度可控，轨迹光滑，运动平稳，以完成作业任务。工业机器人各关节连续、同步地进行相应的运动，其末端执行器即可形成连续的轨迹。连续轨迹控制方式的主要技术指标是工业机器人末端执行器位姿的轨迹跟踪精度及平稳性，要求机器人末端执行器按照示教的轨迹和速度运动，如果偏离预定的轨迹和速度，就会使产品报废，这种控制方式类似于控制原理中的跟踪系统，适用于弧焊、喷漆、切割等。

3. 力矩控制方式

采用力矩控制方式的机器人在完成装配、抓放物体等工作时，除要准确定位之外，还要求使用适度的力或力矩进行工作。该方式的控制原理与位置伺服控制原理基本相同，只不过输入量和反馈量不是位置信号，而是力（力矩）信号，因此系统中必须有力（力矩）传感器，有时也利用接近、滑动等传感器功能进行自适应式控制。

4. 智能控制方式

机器人的智能控制是通过传感器获得周围环境的知识，并根据自身内部的知识库做出相应的决策。采用智能控制技术，可使机器人具有较强的环境适应性及自学习能力。智能控制技术的发展基于近年来人工神经网络、基因算法、遗传算法、专家系统等人工智能领域的迅速发展。

五、工业机器人的主要技术参数

工业机器人的技术参数是机器人生产厂商在产品供货时所提供的技术数据，反映了机器人的适用范围和工作性能，是选择机器人时必须考虑的。机器人厂商提供的技术参数不完全相同，工业机器人的结构、用途和用户的需求也不相同，工业机器人主要的技术参数为自由度、运动范围、额定速度、最大负载、安装方式、防护等级、适应环境、重复定位精度和本体重量等，见表1-1。

表 1-1 HSR-JR603-C30 机器人性能参数

HSR-JR603-C30		
产品型号	HSR-JR603-C30	
自由度	6	
最大负载	3kg	
最大运动半径	571.5mm	
重复定位精度	± 0.02mm	
运动范围	J1	± 180°
	J2	+5°\-155°
	J3	+240°\-20°
	J4	± 180°
	J5	± 95°
	J6	± 360°
额定速度	J1	4.58rad/s，262.5°/s
	J2	4.58rad/s，262.5°/s
	J3	4.58rad/s，262.5°/s
	J4	4.58rad/s，262.5°/s
	J5	4.58rad/s，262.5°/s
	J6	7.33rad/s，420°/s
最大速度	J1	6.54rad/s，375°/s
	J2	6.54rad/s，375°/s
	J3	6.54rad/s，375°/s
	J4	6.54rad/s，375°/s
	J5	6.54rad/s，375°/s
	J6	10.5rad/s，800°/s
容许惯性矩	J4	0.1kg·m^2
	J5	0.05kg·m^2
	J6	0.05kg·m^2
容许负荷扭矩	J4	12.7N·m
	J5	6.4N·m

续表

容许负荷扭矩	J6	6.4N·m
适应环境	温度	0℃~45℃
	湿度	20% ~ 80%
	其他	避免与易燃易爆或腐蚀性气体、液体接触，远离电子噪声源（等离子）
防护等级	IP54	
安装方式	地面、桌面、工作台面	
本体重量	27kg	

下面对工业机器人的各种技术参数进行详细介绍。

（一）自由度

自由度是指描述物体运动所需要的独立坐标数。机器人的自由度表示机器人动作灵活的尺度，一般以轴的直线移动、摆动或旋转动作的数目来表示，手部的动作不包括在内。

机器人的自由度越多，就越接近人手的动作机能，通用性就越好；但是自由度越多，结构越复杂，对机器人的整体要求就越高。工业机器人多为4～6个自由度，7个以上的自由度是冗余自由度，是用来躲避障碍物的。

（二）工作空间

如图1-14所示，机器人的工作空间是指机器人手臂或手部安装点所能达到的所有区域，不包括手部本身所能达到的区域。机器人所具有的自由度及其组合不同，则机器人的运动图形不同；而自由度的变化量（即直线运动的距离和回转角度的大小）则决定着运动图形的大小。

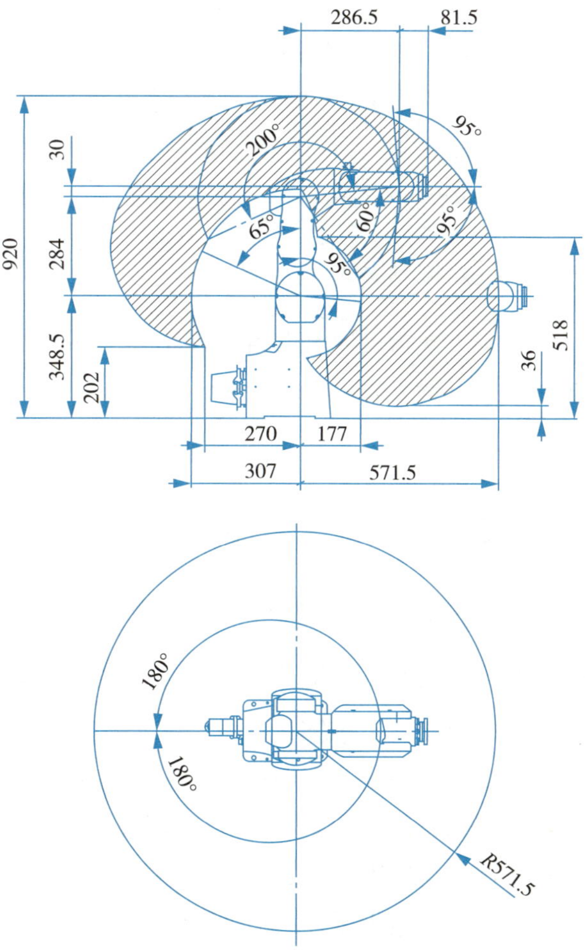

图1-14　HSR-JR603机器人的工作空间

（三）工作速度

工作速度是指机器人在工作载荷条件下匀速运动的过程中，机械接口中心或工具中心点在单位时间内移动的距离或转动的角度。

确定机器人手臂的最大行程后，根据循环时间安排每个动作的时间，并确定各动作同时进行或顺序进行，就可确定各动作的运动速度。分配动作时间除须考虑工艺动作要求外，还要考虑惯性和行程大小、驱动和控制方式、定位和精度要求等。

为了提高生产效率，要求缩短整个运动循环时间。运动循环包括加速起动、等速运行和减速制动三个过程。过大的加减速度会导致惯性力加大，影响动作的平稳和精度。为了保证定位精度，加减速过程往往花费较长时间。

（四）额定负载

机器人在规定的性能范围内，机械接口处能承受的最大负载量（包括手部）。额定负载常用质量、力矩、惯性力矩来表示。

确定额定负载大小时，主要考虑机器人各运动轴上的受力和力矩，包括手部的重量、抓取工件的重量，以及由运动速度变化而产生的惯性力和惯性力矩。一般机器人在低速运行时，承载能力大，出于安全考虑，规定机器人在高速运行时所能抓取的工件重量为承载能力指标。

（五）控制方式

控制方式指机器人控制轴的方式，例如是伺服还是非伺服，伺服控制方式是实现连续轨迹还是点到点的运动，等等。

（六）驱动方式

驱动方式是指机器人关节执行器的动力源形式，主要有液压式、气动式和电动式三种。

（七）精度、重复精度和分辨率

精度：某个位置相对于其参照系的绝对度量，指机器人手部实际到达的位置与需要到达的理想位置之间的差距。

重复精度：在相同的运动位置命令下，机器人连续若干次运动轨迹之间的误差度量。如果机器人重复执行某位置给定指令，它每次运动的距离并不相同，而是在一平均值附近变化，该平均值代表精度，而变化的幅度代表重复精度。

分辨率：指机器人每根轴能够实现的最小移动距离或最小转动角度。精度和分辨率不一定相关。一台设备的运动精度是指命令设定的运动位置与该设备执行此命令后能够到达的运动位置之间的差距，分辨率则反映了实际需要到达的运动位置和命令所能够设定的位置之间的差距。

工业机器人的精度、重复精度和分辨率是根据其使用要求确定的。机器人本身所能达到的精度取决于机器人结构的刚度、运动速度控制和驱动方式、定位和缓冲等因素。机器人有转动关节，在不同回转半径下其直线分辨率是变化的，因此机器人的精度难以确定。由于精度难以测定，通常在工业机器人的主要技术参数中只给出重复精度。

六、工业机器人的安全规范

（一）工业机器人应用安全标志

从事工业机器人操作作业时一定要注意相关的安全标志，并严格按照安全标志的指示执行，以此来确保操作人员和机器人设备的安全，并提高安全防范意识和生产效率。安全标志采用安全色、由几何图形和图形符号构成，用以表达特定安全信息。安全标志分为禁止标志、警告标志、指令标志和提示标志四类。

“禁止标志”表示不准或制止人们的某些行动。禁止标志的几何图形是带斜杠的圆环，其中红色的圆环与斜杠相连；图形符号用黑色，背景用白色。

“警告标志”是警告人们可能发生危险，是告诫、提示人们对某些不安全因素高度关注和警惕，是消除可以预料到的风险或把风险降低到人体和机器可接受范围内的一种常用方式。警告标志的几何图形是黑色的正三角形，采用黑色符号和黄色背景。

指示标志是用以提示、提醒和指示的标志，是为了避免误操作或引起危险而设置的。

“提示标志”的几何图形是方形，采用绿色或红色背景，图形符号及文字用白色。

工业机器人应用的常见安全标志如图1–15所示。

图1–15　工业机器人应用的常见安全标志

（二）工业机器人操作人员的操作规范

工业机器人操作人员的操作规范是指操作人员在操作机器人系统设备和调整仪器仪表时必须遵守的规章和程序。其主要内容包括操作步骤和程序、安全技术知识和注意事项、个人安全防护用品的正确使用、工业机器人系统和周边安全设施的维修保养、预防事故的紧急措施、安全检查的制度和要求等。操作人员在操作机器人时特别需要注意以下事项。

1. 操作前的安全准备

（1）人身安全。操作人员在操作前应穿戴好安全帽和安全工作服，防止被工业机器人系统零部件尖角或末端工具划伤。

（2）环境安全。在工业机器人操作环境中应设置“危险”“无关人员禁止入内”“远离作业区”等安全标志，防止人员在工业机器人工作场所周围做出危险行为，因为接触机器人或周边机械有可能造成人员伤害。工业机器人工作场所应设置安全保护光栅，在地面上铺设光电开关或垫片开关，以便当人员进入机器人工作范围时，机器人发出警报或鸣笛，并停止工作，以确保人员和机器人安全。

（3）设备安全。在工业机器人设备安全方面，应关注夹具是否夹紧工件、旋转或运动的工具是否停止、长期运行后的工件和机器人系统的表面是否温度过高、液压/气压系统是否有预压或者压力残留、控制柜等带电部件是否断电或漏电。

2. 机器人示教器的安全使用

示教器用于对机器人进行编程或使机器人运动，操作人员应定期用软布蘸少量水或中性清洁剂清洁触摸屏，盖上USB端口的保护盖，小心搬运，切勿摔打、抛掷或用力撞击。使用中操作人员始终要验证并确认示教器的安全功能部件（制动和紧急停止装置）是否正常工作。操作人员使用和存放示教器时始终要确保电缆不会将人员绊倒，严禁踩踏示教器电缆，操作示教器的过程中应使用手指或触摸笔操作触摸屏，不得使用锋利的物体（例如螺丝刀、钢笔）操作触摸屏。

3. 工业机器人系统操作安全规范

（1）通电中，禁止未接受过培训的人员触摸机器人控制柜和示教器。

（2）设置工业机器人安全保护区域的范围并设置指示牌。工具、工件以及相关器材应按照“8S”规范摆放。

（3）预测机器人的动作轨迹及操作位置，保证人、物与工业机器人保持足够的安全距离，互不发生干涉。

（4）不强制搬动、悬吊、骑坐机器人本体；不倚靠在工业机器人或者控制柜上；不随意按开关或者按钮，防止机器人发生意想不到的动作，造成人员伤害或者设备损坏。

（5）始终看好示教器，防止其他人员误操作。如果在保护空间内有人员，请手动低速操作机器人系统。

（6）如果出现紧急情况，操作人员应立即按下工业机器人系统控制柜及本体的紧急停止按钮，确保系统完全停止后，方能靠近机器人进行意外处理。

七、工业机器人系统的安全性日常检查内容及流程

工业机器人的保养维护在企业生产中尤为重要。按时、正确地维护保养机器人，能延长机器人的使用寿命，确保系统安全，可大大减少工业机器人的故障率和停机时间，企业应充分利用工业机器人这一生产要素，最大限度地提高生产效率。

工业机器人系统的维护保养是指定期通过感官、仪表、辅助工具等，检查设备的关键部位的声响、振动、温度、油压等运行状况，并将检查结果记录在点检卡上。点检的内容主要包括工业机器人本体的日常清洁保养、系统运行过程中本体的定期预防性保养、是否定期更换电池和润滑油/脂，外围设备及控制柜的维护保养。操作人员应根据不同品牌机器人的特性，对机器人维护和保养的时限、内容、流程等提出相应的要求。工业机器人应用系统的维护保养参考流程如图1–16所示，具体的检修项目见表1–2。

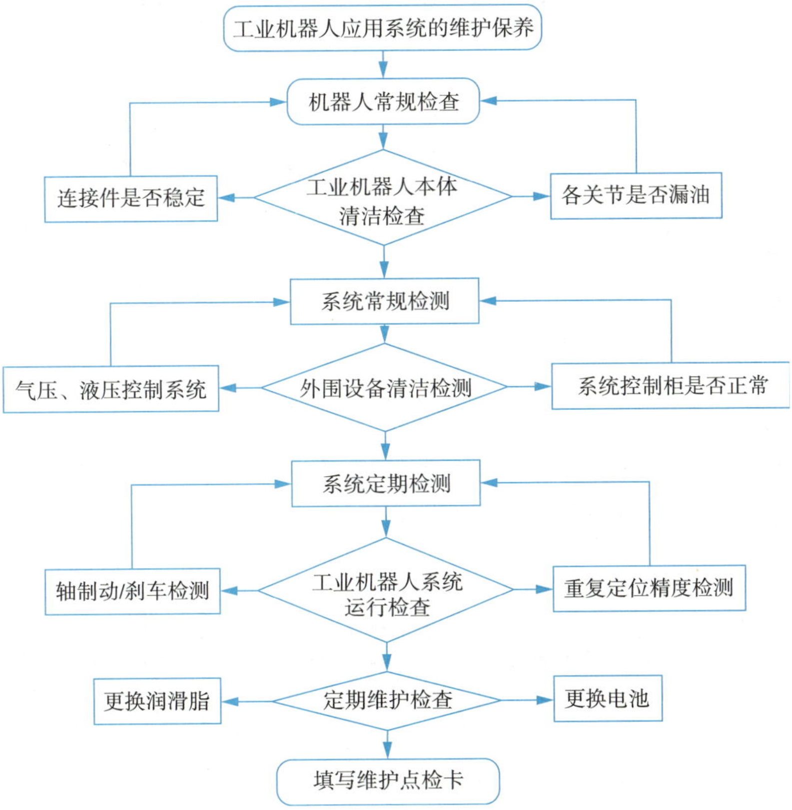

图1–16　工业机器人应用系统的维护保养参考流程

表 1–2　检修项目

检修部位			检修间隔					方法	检修处理内容
			日常	间隔 1 000h	间隔 6 000h	间隔 12 000h	间隔 24 000h		
机械	1	清扫主体	○						擦除污垢，清除堆积物
	2	原点标记	○					目测	零点是否丢失
	3	外部线缆	○					目测	检测是否有污迹、损伤
	4	整体外观	○					目测	清理尘埃，检测各部分有无龟裂
	5	底座螺栓		○				扳手	检测有无缺少、松动
	6	盖类螺栓		○				扳手	检测有无缺少、松动
	7	主要螺栓		○				目测、扳手	检测有无松动
	8	航插		○				手触	检查有无松动、插紧
	9	同步带			○			手触	检测皮带张紧力及摩擦程度
	10	各轴减速机			○				检测有无异常
	11	机内线缆			○			目测	检查有无磨损、扭断
	12	终端夹具		○				目测	检查有无缺少、松动
电气	13	柜门	○					目测	柜门是否关好，门锁是否锁紧到位。柜内密封构件部分有无缝隙和损坏
	14	示教器	○					目测、操作	示教器外观是否污损，操作是否灵活、准确，显示是否清晰、完整
	15	缆线组		○				目测	连接线外观是否破损、断裂，器件端子连接处是否松动

续表

检修部位			检修间隔					方法	检修处理内容
			日常	间隔 1 000h	间隔 6 000h	间隔 12 000h	间隔 24 000h		
电气	16	柜体操作指示面板	○					目测、操作	电源开关操作灵活，无卡顿现象，电源指示灯、故障指示灯显示正常
	17	急停	○					操作	控制柜和示教器急停按钮操作灵活，无卡顿现象，急停动作准确、可靠
	18	柜内器件		○				综合观察	各器件相应指示灯的显示是否正常，各器件是否有较多灰尘覆盖，各器件是否有发热、声音异常、发出异味或电弧烧黑的现象
	19	散热风扇		○				感受排风口的出风量，倾听运转声音	风扇转动是否异常，有无异响。防尘网罩及防尘棉是否堵塞
	20	百叶窗		○				目测、清理	百叶窗外是否留有足够的通风空间，百叶窗内的防尘棉是否堵塞
	21	本体电池		○				查看、测电压	示教器显示报警，电池电压是否为DC3.0V以上
	22	电压等级			○			测电压	柜内AC380V、AC220V、DC24V等级电压是否正常

注　意

机器人必须以每工作40 000小时或其他较短的时间为周期进行维修。检修周期是以点焊作业为基础制定的。对于装卸作业等使用频率较高的作业，建议按照约1/2的周期实施检修。

项目实施

检修和维修可以使机器人的性能保持在稳定的状态。工业机器人现场技术员每天上班的第一项任务，就是对机器人应用系统进行清洁、线缆连接、结构紧固，还要对电池、电气安全等进行开机前的常规检测和维护。

一、工业机器人日常检查及定期维护的安全操作防护及准备

操作前操作人员需要做好防护，防止发生人员和设备的意外事故。安全防护的内容包括操作人员的安全防护、设备环境的安全检查。

（1）穿戴好安全防护鞋、帽和工作服，做好人身安全防护。

（2）检查工业机器人应用系统安全标志，做好使用设备前的安全警示准备。

（3）检查工业机器人应用系统是否安装防护栏、光栅、急停设备，做好设备意外故障保护准备。

（4）检查工业机器人的电气系统，做好系统正常工作前的准备。

二、工业机器人的清洁保养

为保证较长的正常运行时间，务必在开机前清洁机器人系统内的尘土、油脂、飞溅物等，尤其是手部、机座周围，如图1–17所示。清洁之前须关闭机器人的所有电源，然后

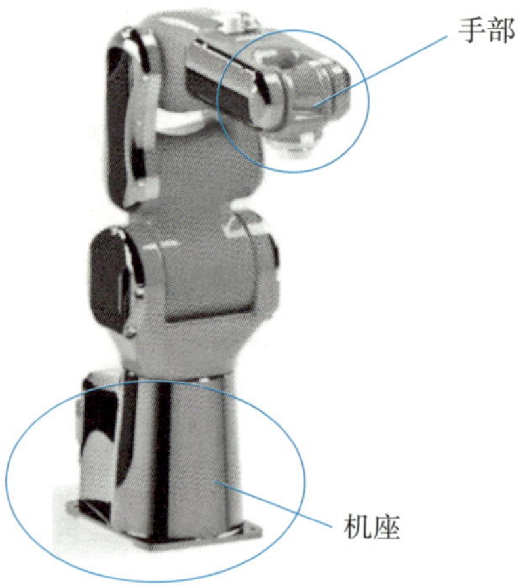

图1–17　工业机器人重点清洁部位

再进入机器人的工作空间。清洁的时间周期取决于机器人工作的环境。根据机器人的不同防护类型，可采用不同的清洁方法。通常情况下，可用布蘸取少量清洁剂或者酒精擦拭机器人。

三、本体管线包的维护

对于底座到马达座这部分，管线包的运动幅度比较小。大臂和马达座连接处这部分随着机器人的运动，会和本体有相对运动，如果管线包和本体有周期性的接触摩擦，可添加防撞球或者在摩擦部分包裹防摩擦布以保证管线包不在短时间内磨破或者开裂，添加防撞球的位置由现场工作人员根据具体工位来确定。管线包的更换：由于本体管线包的更换比较复杂，需更换时须联系专业人员进行更换。

四、润滑油的检查及更换

（一）润滑油的检查

机器人每运转5 000小时或每隔1年（用于装卸用途时则为每运转2 500小时或每隔半年），须测量减速机的润滑油铁粉浓度。当超过标准值时，必须更换润滑油或减速机。检查润滑油铁粉浓度必备的工具包括润滑油铁粉浓度计和润滑油枪（带供油量确认计数功能）。

机器人检修时，如果必要量以上的润滑油流出到机体外，应根据流出部分使用润滑油枪进行补充。此时，所使用的润滑油枪的喷嘴直径应为 ϕ 17mm以下。当补充的润滑油量比流出量多时，可能会导致润滑油渗漏、机器人动作时轨迹不良等，应加以注意。

机器人检修或加油完成后，为了防止漏油，应在润滑油管接头及带孔插塞处缠上密封胶带，再进行安装。应使用能明确加油量的润滑油枪。当无法使用能明确加油量的油枪时，须通过测量加油前后润滑油重量的变化，对润滑油的加油量进行确认。

注意：机器人刚刚停止的短时间内，内部压力上升，在拆下检修口螺塞的一瞬间，润滑油可能会喷出。

（二）润滑油的更换

操作人员在对机器人进行保养时，需按照以下规定定期对机器人进行润滑和检修以保证效率。

1.润滑油供油量

J2/J5/J6轴减速机，必须按照以下步骤每运转20 000小时或每隔4年（用于装卸时则为每运转10 000小时或每隔2年）更换润滑油，表1–3列出了更换润滑油的油量。

表 1–3 更换润滑油的油量

提供位置	上油量	尺寸	润滑油名称	备注
J2 轴减速机	27g			
J5 轴减速机	72g	M5×1	厂家指定	更换油脂需拆机，详情请咨询厂家售后人员。
J6 轴减速机	18g			

2. 润滑的空间方位

对于润滑油更换或补充操作，建议使用表 1–4 给出的润滑方位。

表 1–4 润滑方位

供给位置	方位					
	J1	J2	J3	J4	J5	J6
J2 轴减速机		任意	任意			
J5 轴减速机	任意	0°		任意	任意	任意
J6 轴减速机		+100°	0°			

3. J2/J5/J6 轴减速机润滑油更换步骤

（1）将机器人移动到表 1–4 所示的润滑方位。

（2）切断电源。

（3）在需要更换油脂处拆机。

（4）提供新的润滑油，缓慢注油，供油速度应控制在 36g/10s 以下，不要过于用力，必须使用可明确加油量的润滑油枪，当没有能明确加油量的油枪时，应通过测量加油前后的润滑油重量的变化，对润滑油的加油量进行确认。

（5）如果没有达到要求的供油量，可用供气用精密调节器挤出腔中气体后再进行供油，应使用调节器将气压控制在 0.025MPa 以下。

（6）仅可使用指定类型的润滑油。如果使用了指定类型之外的润滑油，可能会损坏减速机或导致其他问题。

（7）重新装配机器人，装机过程中应避免各类杂质进入油腔体。

（8）为了避免因滑倒导致的意外发生，应将地面和机器人上的多余润滑油彻底清除。

4. 更换油脂，试机运行

更换油脂后，由于油脂的黏度系数较大，流动性低，故新油脂不能完全进入齿隙中进行润滑，因此应进行低速试机，运行时间为 10min 以上，使油脂进入减速机的齿隙进行润滑，从而避免损坏减速机。

注 意

①混用不同类型的油品可能导致减速机严重受损。加注减速机润滑油时，请勿混用不同类型的油品，有特殊规定的除外。须使用制造商指定的油品类型。

②如果未能正确执行润滑操作，润滑腔体的内部压力可能会突然增加，有可能损坏密封部分而导致润滑油泄漏和操作异常。

五、电池更换

机器人各轴的位置数据是通过电池保存的。如果电池出现电压下降报警，要及时更换，图1–18所示为电池更换示意图，更换步骤如下。

（1）拆下航插板，拉出电池。

（2）拔下旧电池。

（3）将新电池插入插头，放入机器人底座。

（4）重新安装好盖板。

（5）起动机器人，设置其零点。

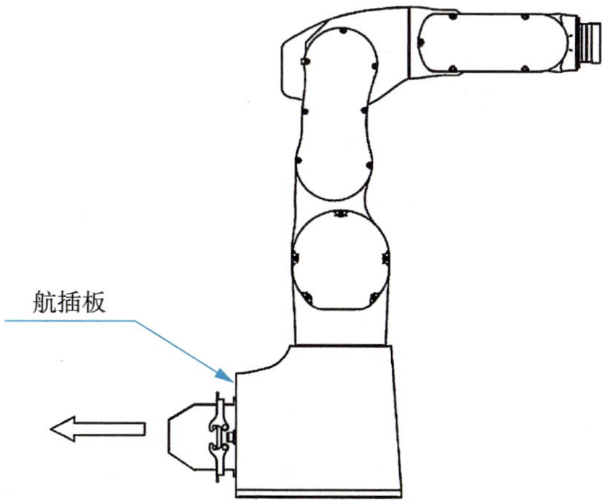

图1–18　电池更换示意图

项目报告

<table>
<tr><td>班级</td><td></td><td>姓名</td><td></td><td colspan="2">学号</td><td></td></tr>
<tr><td>指导教师</td><td colspan="3"></td><td colspan="2">时间</td><td>年　月　日</td></tr>
<tr><td>课程名称</td><td colspan="6"></td></tr>
<tr><td>项目</td><td colspan="6">工业机器人应用须知</td></tr>
<tr><td>学习目标</td><td colspan="6">对工业机器人的发展历史进行概述，着重了解工业机器人的基本组成和工作原理、分类和重要技术参数，掌握工业机器人安全操作规范、日常检查及定期维护内容，能进行工业机器人日常维护保养。</td></tr>
<tr><td>注意事项</td><td colspan="6">1. 安全防护，互相检查上课着装。
2. 实训室“8S”管理：整理、整顿、清扫、清洁、素养、安全、节约、学习。
3. 工业机器人安全使用环境及安全使用注意事项。
4. 工业机器人日常维护保养注意事项。</td></tr>
<tr><td rowspan="2">学习任务</td><td colspan="6">任务 1：工业机器人的定义及发展历史</td></tr>
<tr><td colspan="6">1. 工业机器人的定义。

2. 工业机器人的发展历史。

</td></tr>
</table>

<table>
<tr><td rowspan="6">学习任务</td><td>任务 2：工业机器人的基本组成及工作原理</td></tr>
<tr><td>1. 工业机器人的基本组成。

2. 工业机器人的工作原理。</td></tr>
<tr><td>任务 3：工业机器人的分类及技术参数</td></tr>
<tr><td>1. 工业机器人的分类。

2. 工业机器人的技术参数。</td></tr>
</table>

<table>
<tr><td rowspan="4">学习任务</td><td>任务 4：工业机器人安全操作注意事项</td></tr>
<tr><td>在操作机器人时，如何进行安全操作。</td></tr>
<tr><td>任务 5：工业机器人日常检查及定期维护</td></tr>
<tr><td>1. 日常检查及定期维护内容。

2. 润滑油的检查及更换。

3. 电池更换。</td></tr>
</table>

学习心得	

项目评价

<table>
<tr><td colspan="5">工业机器人应用须知</td></tr>
<tr><td colspan="5">职业素养（40分）</td></tr>
<tr><td>序号</td><td>内容</td><td>自评</td><td>互评</td><td>师评</td></tr>
<tr><td>1</td><td>正确穿戴工作服和安全帽（10分）</td><td></td><td></td><td></td></tr>
<tr><td>2</td><td>安全规范地使用工具、量具（10分）</td><td></td><td></td><td></td></tr>
<tr><td>3</td><td>安全文明地使用示教器（10分）</td><td></td><td></td><td></td></tr>
<tr><td>4</td><td>环境摆放及“8S”现场（10分）</td><td></td><td></td><td></td></tr>
<tr><td colspan="5">技能操作（60分）</td></tr>
<tr><td>1</td><td>能清晰地表述工业机器人的定义和发展（10分）</td><td></td><td></td><td></td></tr>
<tr><td>2</td><td>能概括工业机器人的组成和工作原理（10分）</td><td></td><td></td><td></td></tr>
<tr><td>3</td><td>能表述工业机器人的分类和主要技术参数（10分）</td><td></td><td></td><td></td></tr>
<tr><td>4</td><td>能列出工业机器人日常检查流程及内容（10分）</td><td></td><td></td><td></td></tr>
<tr><td>5</td><td>能对工业机器人进行规范的保养维护（20分）</td><td></td><td></td><td></td></tr>
<tr><td colspan="2">综合评价</td><td></td><td></td><td></td></tr>
</table>

项目二

工业机器人手动操作

项目分析

在对工业机器人现场示教编程时，离不开工业机器人的手动操作和调试。本项目要求在安全使用环境下，按规程操作工业机器人，认识示教器，掌握示教器界面功能，熟练使用示教器进行工业机器人的手动操作、点位示教、回参考点、数据备份和恢复等。

学习目标

知识目标

- 了解华数工业机器人示教器界面功能。
- 掌握华数工业机器人手动操作方法。
- 学会使用控制面板进行HSpad配置。
- 理解校准和软限位功能的用途。
- 理解工业机器人系统数据备份与恢复的用途。

能力目标

- 能够熟练使用示教器进行机器人手动操作。
- 能够完成机器人点位的示教及保存。
- 能够完成工业机器人系统数据备份与恢复操作。
- 能够完成工业机器人回零操作。

素养目标

- 通过学习知识，养成自主学习的习惯。
- 通过项目实施，养成安全生产、精益求精、追求卓越的工匠精神。
- 通过组内合作，提高团队协作能力及责任意识。

相关知识

一、工业机器人示教器

华数Ⅲ型工业机器人控制系统是华数机器人有限公司自主研发的一套控制系统，具有高速、高精度的特点，其编程语言简洁易懂，通过华数Ⅲ型示教器可以实现快速编程、实时调节，满足大多数工业需求。示教器主要由液晶屏和操作按钮组成，示教再现型机器人的操作基本上都是通过示教器来完成的，所以掌握各个按钮的功能和操作方法是使用示教器操作机器人的前提。

华数HSpad示教器是用于华数工业机器人的手持编程器，具有示教华数工业机器人的各种操作和显示功能。华数HSpad示教器通常以“HSpad”简称。其外形如图2-1所示。

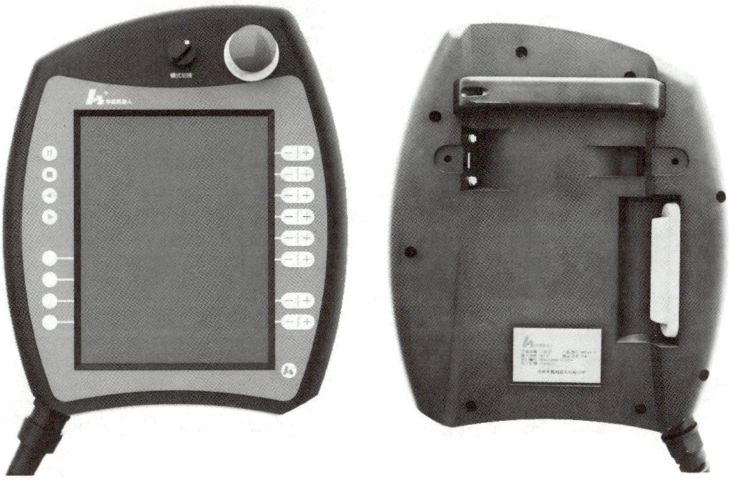

图2-1　HSpad示教器外形

（一）示教器按钮及功能说明

HSpad示教器正面如图2-2所示，示教器反面如图2-3所示，示教器正面功能如表2-1所示，示教器反面功能如表2-2所示。

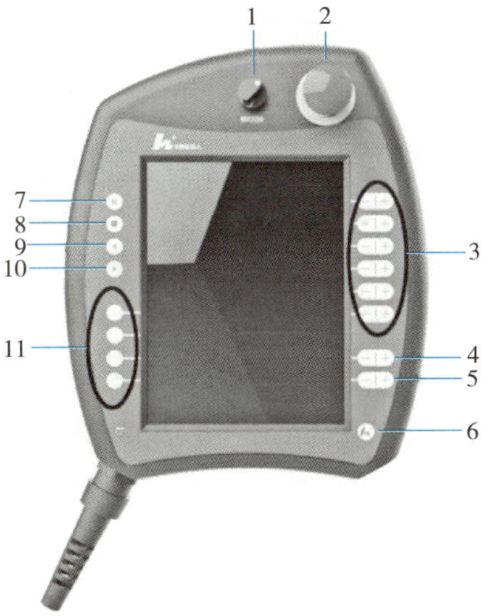

图2-2　HSpad示教器正面

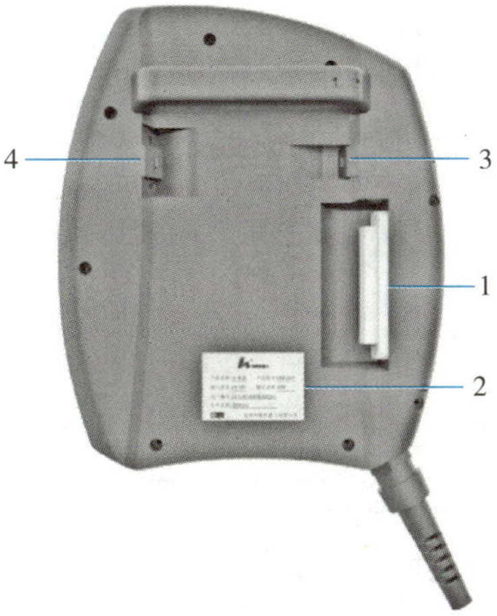

图2-3　HSpad示教器反面

华数机器人示教器的基本认识

表2-1 HSpad示教器正面功能

序号	功能
1	模式切换开关。用于切换机器人运行模式。
2	紧急停止按钮。用于在危险情况下使机器人停机。
3	点动运行按钮。用于手动移动机器人。
4	非手动倍率调节按钮。用于调节在自动和外部模式下机器人的运行速度。
5	手动倍率调节按钮。用于调节在手动模式下机器人的运行速度。
6	主菜单按钮。用于切换主菜单和文件导航器。
7	暂停按钮。用于暂停运行中的程序。
8	停止按钮。用于停止并卸载程序。
9	回退按钮。用于回退程序行。
10	运行按钮。用于运行加载后的程序。
11	备用按钮。用于自定义按钮的功能。 需要进行备用按钮配置后才可使用。

表2-2 HSpad示教器反面功能

序号	功能
1	三段式安全开关。 用于在手动模式下对机器人进行使能操作。 该安全开关有三个位置： （1）初始位置。 （2）按至第一段的中间位置。 （3）按至第二段的完全位置。 当机器人在手动模式下时，用户须按下安全开关并保持在中间位置，方可让机器人保持使能状态，进行运动。安全开关处于中间位置可使能，处于其他位置关闭使能。当机器人使用自动或外部模式时，安全开关不起作用。
2	HSpad标签型号粘贴处。
3	调试接口。
4	USB接口。常用于插入U盘，进行文件的拷贝、获取及其他相关文件操作。

（二）示教器操作界面

HSpad示教器操作界面

1. HSpad操作界面

HSpad示教器操作界面及说明如图2–4、表2–3所示。

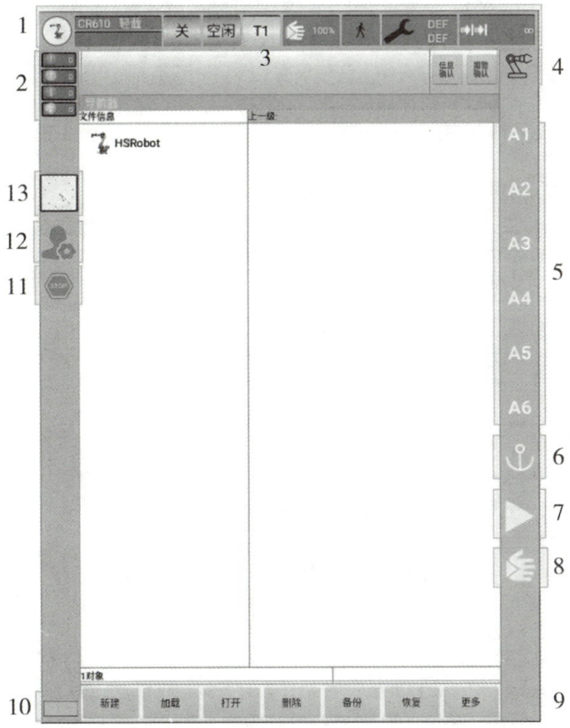

图2–4　HSpad示教器操作界面

表2–3　HSpad示教器操作界面说明

标签项	说明
1	状态栏。 用于显示当前机器人的一系列状态。单击状态栏中各个子功能模块的图标可进行相应的更改设置。
2	信息提示计数器。 用于显示每种类型信息有多少条等待处理。单击该图标可以放大信息显示界面。

续表

标签项	说明
3	信息栏。用于显示机器人及程序运行的信息。 示教器在接收到多条信息的情况下，窗口默认只显示最后一条信息提示。单击该窗口可以显示信息列表。列表中显示所有待处理的信息。 ● “？”用于显示当前信息的详细信息。 ● “确认”用于确认可以被确认的信息。 ● “信息确认”用于确认所有除错误信息以外的信息。 ● “报警确认”用于确认所有错误信息。
4	坐标系类型。 用于显示当前机器人所使用的坐标系类型。单击该图标可以进行切换坐标系类型的操作。
5	点动运行指示。 仅用于标识。 ● 若选择与轴相关的运行，该系列图标将显示轴号（A1、A2、E1、E2等）。 ● 若选择笛卡尔式运行，该系列图标将显示坐标系方向（X、Y、Z、A、B、C）。 单击该系列图标会显示运动系统组选择窗口。选择组后，图标将变更显示为相应组所对应的图标。
6	一键回零。 用于对机器人进行快捷回到安全点的操作。 单击该图标可让机器人根据设置好的回零程序，回到预设的安全点位置。
7	非手动模式速度倍率修调指示。 仅用于标识。
8	手动模式速度倍率修调指示。 仅用于标识。
9	操作菜单栏。 用于进行对程序文件的相关操作。
10	控制器网络状态。 ● 绿色显示状态表示网络连接成功，控制器初始化成功，示教器已正常连接控制器，可控制机器人进行运动。 ● 黄色显示状态表示网络连接成功，但控制器初始化未完成，示教器无法控制机器人进行运动。 ● 红色显示状态表示网络连接失败，操作人员需要检查网络通信问题。
11	机器人运行状态指示。 仅用于标识。
12	用户快捷登录。 单击该图标，快速跳到用户登录界面。 ● 蓝色为生产员。 ● 黄色为调试员。 ● 红色为管理员。 ● 绿色为自定义用户。
13	时钟。 用于显示时间。

2. 状态栏

状态栏显示工业机器人设置的状态。在大多数情况下通过单击图标就会打开一个窗口，可以在打开的窗口中更改设置。示教器状态栏如图2–5所示，示教器状态栏说明如表2–4所示。

图2–5　示教器状态栏

表2–4　示教器状态栏说明

标签项	说明
1	主菜单。 单击该图标可进行主菜单和文件导航器之间的切换。
2	信息与软按钮。 该图标显示当前机器人信息与加载的程序信息。单击该图标可打开程序控制软按钮界面，界面显示运行的程序和程序控制的软按钮，通过软按钮可以对运行程序进行相应的操作。
3	机器人使能状态。 ● 图标呈绿色背景并且显示“开”字样，表示当前机器人处于使能打开状态。 ● 图标呈灰色背景并且显示“关”字样，表示当前机器人处于使能关闭状态。 单击该图标可打开使能设置窗口。在自动模式下，能且只能通过该窗口中的“开”与“关”对机器人进行使能的切换操作。在手动与外部模式下则无法通过该窗口进行使能的切换操作。窗口中显示使能状态和安全开关状态。
4	机器人与程序运行状态。 ● 图标呈灰色背景并且显示“空闲”字样，表示当前无程序加载。 ● 图标呈红色背景并且显示“准备”字样，表示当前程序已加载但是处于未运行状态。 ● 图标呈绿色背景并且显示“运行”字样，表示当前程序已加载并处于正常运行状态。 ● 图标呈红色背景并且显示“错误”字样，表示当前程序已加载但是处于异常状态或机器人出现异常状态。 ● 图标呈红色背景并且显示“暂停”字样，表示当前程序已加载并运行，但是处于暂停状态。 ● 图标呈黄色背景并且显示“等待”字样，表示当前程序已加载并处于在线编辑状态。
5	运行模式状态。 该图标显示机器人当前使用的运行模式。
6	机器人运行速度倍率状态。 该图标显示当前机器人运行速度的倍率。该倍率状态可通过以下两种方式进行设置。 （1）单击该图标可打开倍率调节窗口，通过窗口中的“+”“–”以%为单位进行调节，或拖动左右滚动条进行调节。 （2）通过示教器硬件上的手动倍率调节按钮进行调节。

续表

标签项	说明
7	程序运行方式状态。 该图标显示当前机器人程序运行的方式。在手动模式下，单击该图标可切换程序“连续”或者“单步”运行。
8	工具工件号选择。 该图标显示机器人当前使用的工具工件号。单击该图标可打开工具和工件的设置窗口。 加载程序前，显示的是操作人员当前选择的工具工件号。加载程序（未运行）成功后，系统将工具工件切换回默认值，因此显示的是默认值。运行程序后，将显示程序中调用的工具工件号，程序无调用工具工件则保持默认值。卸载程序后，系统将还原为加载程序前调用的工具工件号。
9	机器人步进增量状态。 该图标显示机器人当前点动1个单位时的移动距离。在手动模式下，单击该图标可打开设置窗口，进行点动移动距离的设置。 设置方式分为持续性和非持续性，非持续性设置方式支持滚动条和固定数值按钮两种方式。该增量数值的单位根据当前坐标系变换，在关节坐标系下为“°”，在空间坐标系下为“mm”。 属性说明： ● 持续的　关闭增量式手动移动 ● 100mm/10°　1增量=100mm或10° ● 10mm/3°　1增量=10mm或3° ● 1mm/1°　1增量=1mm或1° ● 0.1mm/0.005°　1增量=0.1mm或0.005°

二、HSpad配置

（一）示教器配置

1. 用户组

华数机器人系统设置的用户等级有三个，分别为生产员、调试员、管理员。不同用户具有不同的权限。

生产员：操作人员用户组，该用户组为默认用户组。

调试员：调试人员用户组，该用户组拥有绝大部分系统功能的使用权。此用户组通过密码进行保护。

管理员：最终权限用户组，该用户组拥有系统所有的使用权。

系统默认的用户等级为生产员，如果需要更改，可按照以下步骤进行。

（1）在主菜单中选择“配置”→“示教器配置”→“用户组”，将显示当前用户组。

（2）若想切换至默认用户组，则单击“标准”。如果已经在默认的用户组中，则不能使用“标准”。若想切换至其他用户组，则选定所需的用户组，单击“登录”。

（3）调试员、管理员需要输入密码后登录，输入密码后单击“登录”。

（4）修改密码：若需要修改某个用户的密码，则选中该用户，单击“密码”。

（5）在密码修改界面输入原来的密码和新的密码后，单击“OK”即修改密码完毕。

提示：单击操作界面的“用户快捷登录”图标可快速进入用户登录界面，如图2–6所示。

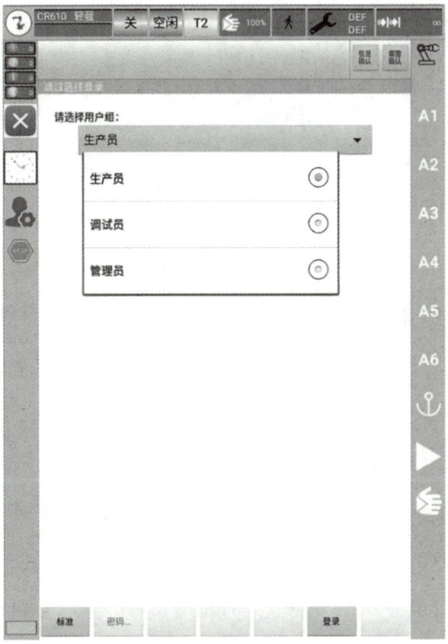

图2–6　用户登录界面

2. 备用按钮配置

示教器提供左侧4个辅助按钮，用于用户自定义按钮操作，可配置按钮按下后输出的指令。

配置类型共有3种，IO型、工艺包、无配置。

IO型：操作输出IO值的快捷按钮（按下后，IO值根据目前状态置反输出）。

工艺包：打开工艺包界面的快捷按钮。

无配置：关闭备用按钮功能。

操作步骤：

（1）“调试员”权限下，在主菜单中选择“配置”→“示教器配置”→“备用按钮设置”，进入“备用按钮配置”界面，如图2–7所示。

（2）选择序号，单击“修改”。

（3）单击“功能类型”下拉框选项，选择“IO型”。

（4）在“DO索引”输入框输入IO索引号。

（5）在“DO索引”下拉框选项选择“ON/OFF”。

（6）单击“确定”，完成配置。

备用按钮配置

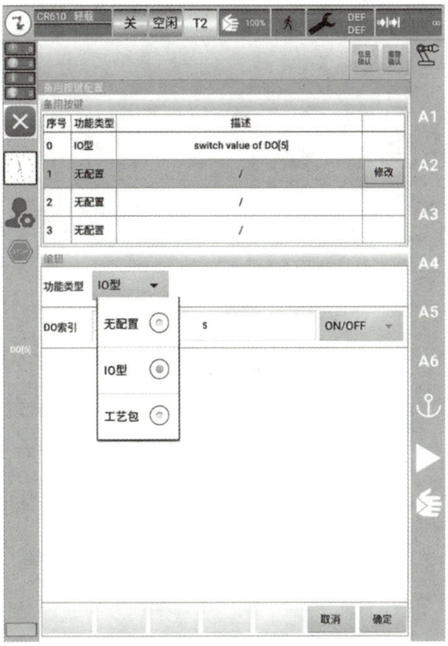

图2–7　备用按钮配置

注　意

辅助按钮只能在手动模式T1、T2和自动模式下使用，在外部模式下不能使用。

（二）控制器配置

1.外部运行配置

配置外部运行信号是将系统信号和IO索引建立映射关系的过程（即将功能与IO绑定），建立映射关系后，可通过IO信号执行程序运行，获取机器人状态。所有的系统信号都必须经过配置后才能映射到对应的IO点位上。在一个未进行外部信号配置的系统中，默认下系统信号和IO之间是没有映射连接关系的。

输入配置：绑定指定的输入信号，通过触发输入信号，对外部程序进行常规的操作，如上使能、加载、暂停、运行程序、清除报警等。

输出配置：通过输出信号，显示机器人的一些状态，如程序状态、使能状态、当前模式、区域输出等。

程序配置：设置外部模式运行时加载的程序，假设程序映射寄存器为R［1］，R［1］= 2时，外部模式则加载索引号为2的程序；R［1］= 0时，则加载外部配置索引号为0的程序，通过R寄存器的值，加载不同程序。

引用配置功能：可配置指定的JR寄存器，当机器人当前处于指定JR寄存器的位置时，则JR［0］={0，-90，180，0，90，0}，当机器人当前实际位置等于该坐标时，则输出已绑定的该位置信号，可设置精度范围，可绑定的JR寄存器为8个。

注　意

外部配置只能在手动模式T1、T2下操作。

操作步骤：

（1）外部输入输出配置。

步骤1：在主菜单中选择“配置”→“输入/输出端”→“外部运行配置”，进入“外部运行配置”界面。

步骤2：单击“输入配置”，如图2-8所示，选中屏幕左侧的“标志位”，选中右侧的“DI索引号”，再单击增加“⬅”可以建立映射关系，单击移除“➡”可以取消映射关系。

步骤3：单击“保存”，保存操作。

步骤4：单击“输出配置”，如图2-9所示，与上面的操作类似，可以设置输出的映射关系。

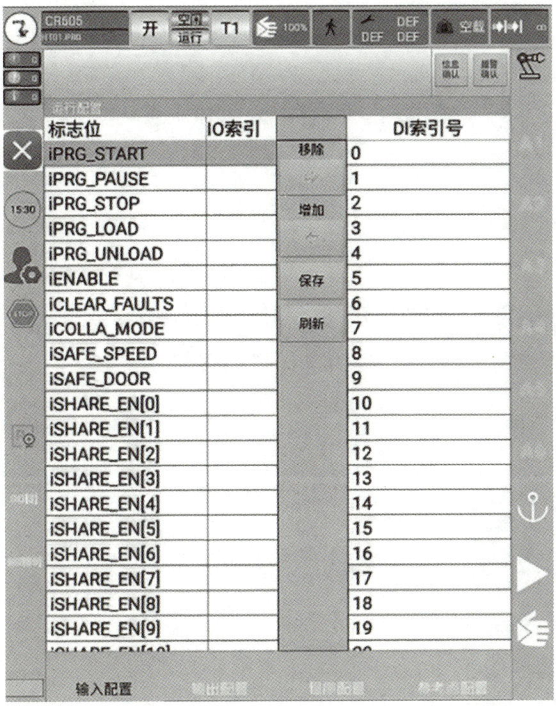

图2-8　外部运行的输入配置

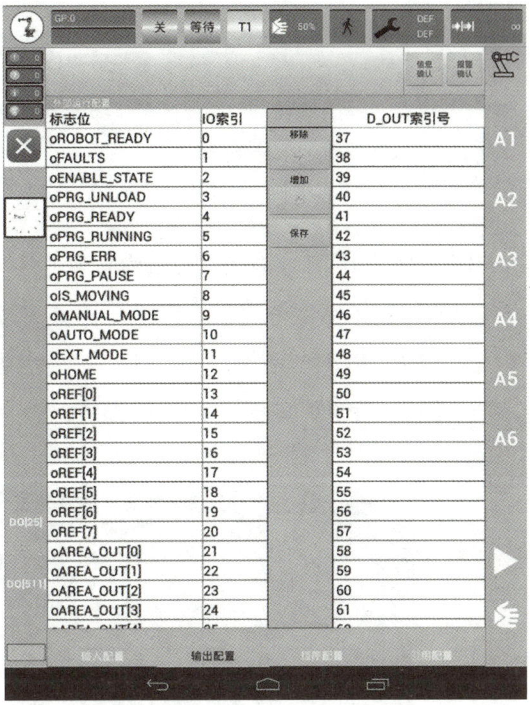

图2-9　外部运行的输出配置

（2）外部运行程序配置。

步骤1：单击“程序配置”，进入“程序配置”界面，如图2-10所示。

步骤2：单击“程序映射寄存器”→“修改”，输入R寄存器索引号。

步骤3：单击“程序映射寄存器”→“确定”，程序映射寄存器设置完成。

步骤4：单击选择任意序号，单击“配置”。索引号共有511个，可同时配置511个外部程序。

步骤5：弹出“程序选择”界面，单击选择外部运行的程序。

步骤6：单击“确定”，完成外部程序配置。

步骤7：单击操作栏上的“保存”，完成保存。

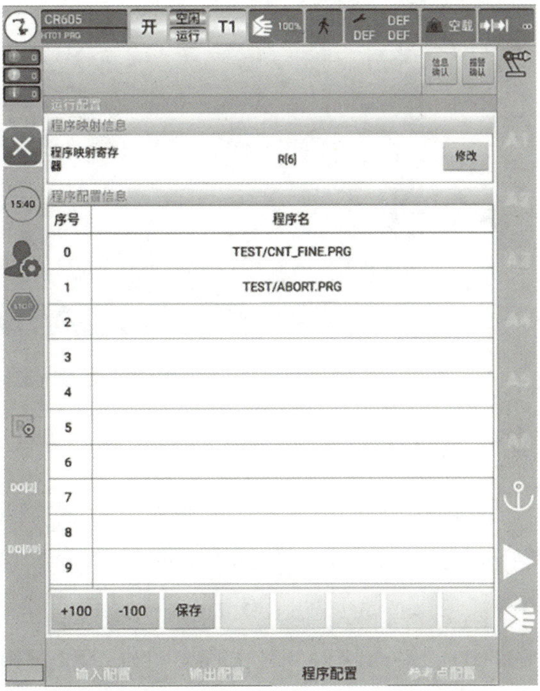

图2-10　外部运行程序配置

注　意

外部程序配置后，若有修改或第一次加载，需要在手动或自动模式下加载一遍，将程序下发更新至控制器。

（3）参考点信号输出功能配置。

步骤1：单击“参考点配置”，进入“引用配置”界面，如图2–11所示。

步骤2：单击“新增”，设置“参考点编号”“轴组号”“寄存器”“精度”。

步骤3：单击“确定”，完成设置。

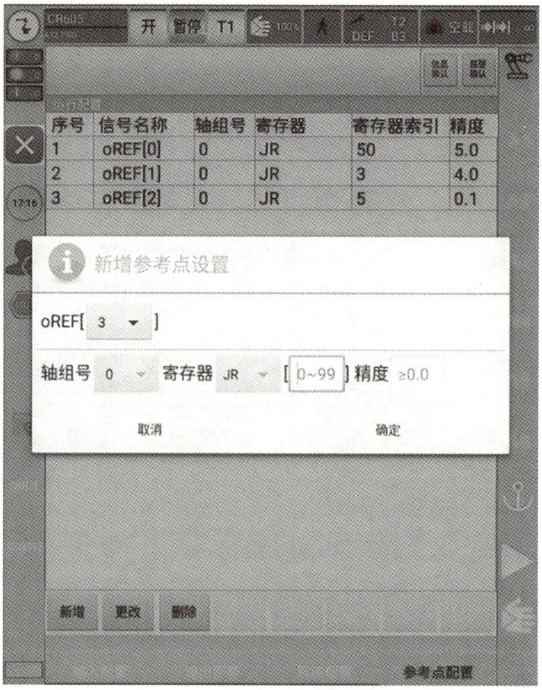

图2–11　外部运行参考配置

外部运行配置

2. 编码/解码配置

编码功能是将R寄存器映射到IO的输出，根据R的值置位IO序列，这个过程是二进制编码，通过R的值来编码对应的IO序列值，例如DO［1］–DO［4］与R［1］关联，其中R［1］=3（二进制0011b），则DO［1］=1，DO［2］=1，剩余的DO都是0；解码功能是将IO的输入映射到R寄存器，外部输入相应的信号，控制器会把这个信号解码到R寄存器，例如DI［1］–DI［4］映射到R［2］，外部输入DI［2］=1，则对应的R［2］=2（二进制0010b）。

操作步骤：

（1）在主菜单选择“配置”→“控制器配置”→“编码/解码配置”，进入设置界面，如图2-12所示。

（2）单击选择“编码配置”或者“解码配置”。

（3）单击“新增”，进入设置界面，如图2-13所示。

（4）输入相应的值后，单击“确定”，设置完成。

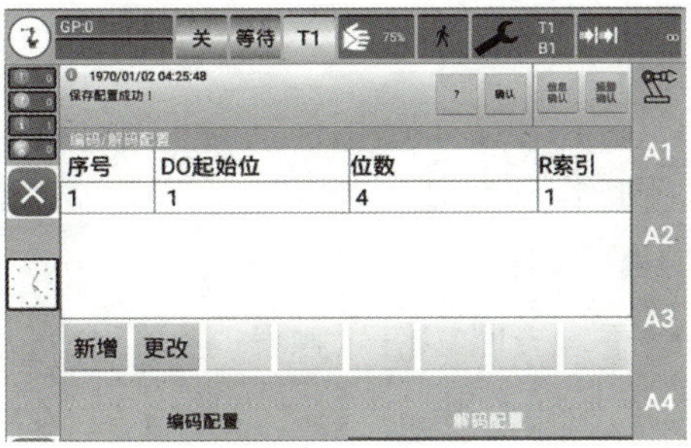

图2-12　编码/解码配置

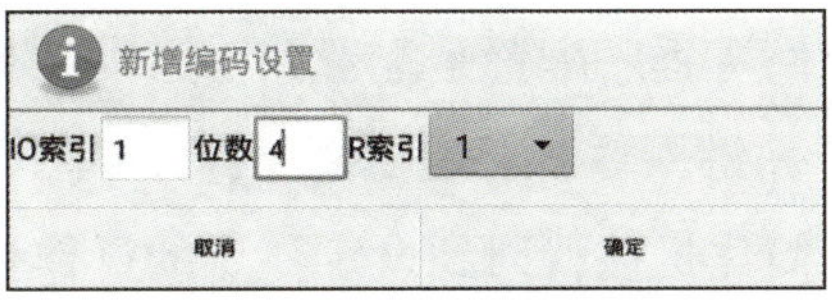

图2-13　编码/解码更改配置

3. 超时设置

超时设置是为了避免机器人程序无限制等待，通过设置一个时间，配合WAIT超时指令使用，在执行程序过程中，当运行到WAIT指令（WAIT TIME=值除外，WAIT TIME没有超时功能）时，若条件不满足处于堵塞状态，等待时间超过设置的时间，就会跳到相应的程序进行继续执行。时间单位是毫秒（ms），若未设置过，则超时时间默认为10s。

操作步骤：

（1）打开菜单，依次单击“配置”→“控制器配置”→“超时设置”，进入“超时设置”界面，如图2-14所示。

（2）选中时间编辑框，编辑时间。

（3）设置完成后，单击“设置”，立即设置生效。

图2-14　超时设置

注 意

除了超时设置，当执行WAIT指令时处于堵塞状态，也可通过单击下方菜单“更多”→“解除等待”的方式解除等待，单击“解除等待”后，指针会移动到下一行，但机器人不执行下一行的程序，同时机器人对应的IO输出进行相应的调整（相当于此时处于暂停状态），需重新单击“开始”，方可进行程序的运行。如下一行已经没有指令，则回到程序的第一行。

4. 一键回零功能

一键回零功能分为回零程序配置和一键回零操作两部分。

（1）回零程序配置是配置回零运动执行的PRG程序。

（2）一键回零操作是系统执行回零运动程序，当回零信号触发时系统会自动执行程序，从而简化机械臂回到设定零点的操作步骤。

回零程序示例如下。

```
LBL [X]
WAIT DI [10] =ON              '保护作用：等待信号满足才往下执行，否则一直阻塞在此行
LR [1] =LPOS                  '获取当前位置：赋值给LR [1] 寄存器
IF LR [1][0] <200, GOTO LBL [1]
IF LR [1][0] >=200, GOTO LBL [2]
LBL [1]
L P [0]                       '回零过渡点0
LBL [2]
L P [1]                       '回零过渡点1
L JR [0]                      '回到零点
```

（1）回零程序配置操作步骤。

步骤1：打开菜单，依次单击“配置”→“控制器配置”→“回零程序配置”，进入“回零程序配置”界面，如图2-15所示。

步骤2：单击“配置程序”，选中回零程序。

步骤3：单击“保存”，设置完成。

（2）一键回零操作步骤。

步骤1：手动模式下，在程序处于空闲状态时打开使能。

步骤2：单击右侧“一键回零”图标，如图2-15所示，可执行回零程序。

注　意

①回零程序执行的前置条件为使能打开。

②回零程序的执行需在未加载程序（空闲）的情况下。

③回零程序的执行只针对手动模式和自动模式。

④手动模式下立即执行回零，自动模式下执行需二次确认。

⑤回零程序首次执行或有修改，需在手动或自动模式下加载一遍，才会将最新的程序更新至控制器。

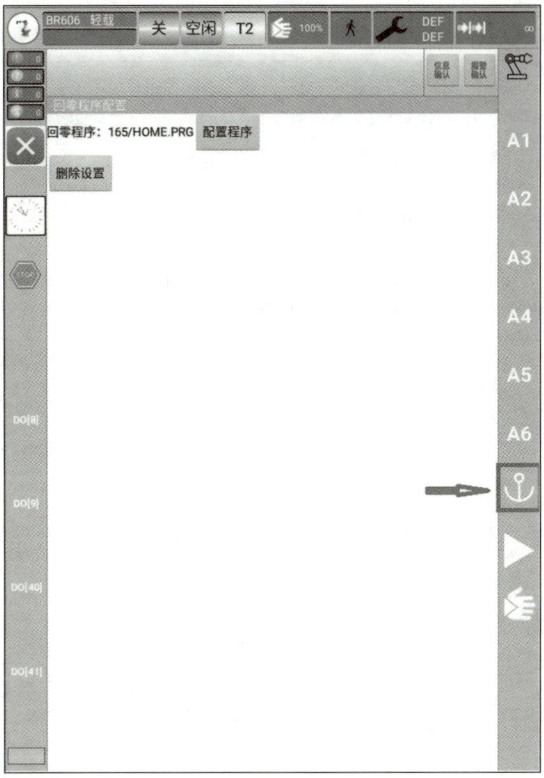

图2–15　回零程序配置

三、显示

（一）输入/输出

1.数字量输入/输出

可以在示教器上查看数字量IO的输入/输出状态。IO号表示当前IO的点号。华数机器人使用HCNC的IO时，输入、输出板卡都是8个点。IO点号顺序按照板块排列的顺序依次往后排。数字输入/输出端的界面如图2–16、图2–17所示，数字量输入/输出说明如表2–5所示。

操作步骤：

步骤1：在主菜单中选择“显示”→“输入/输出端”→“数字输入/输出端”。

步骤2：单击选择特定的输入/输出端，通过界面右边的按钮对其进行操作。

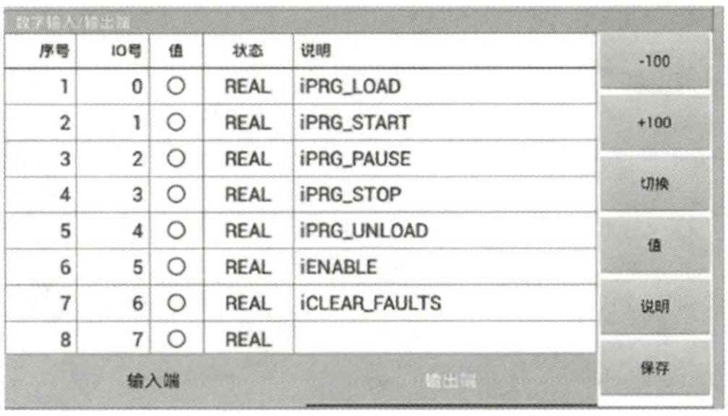

序号	IO号	值	状态	说明
1	0	○	REAL	iPRG_LOAD
2	1	○	REAL	iPRG_START
3	2	○	REAL	iPRG_PAUSE
4	3	○	REAL	iPRG_STOP
5	4	○	REAL	iPRG_UNLOAD
6	5	○	REAL	iENABLE
7	6	○	REAL	iCLEAR_FAULTS
8	7	○	REAL	

图2–16　数字输入端

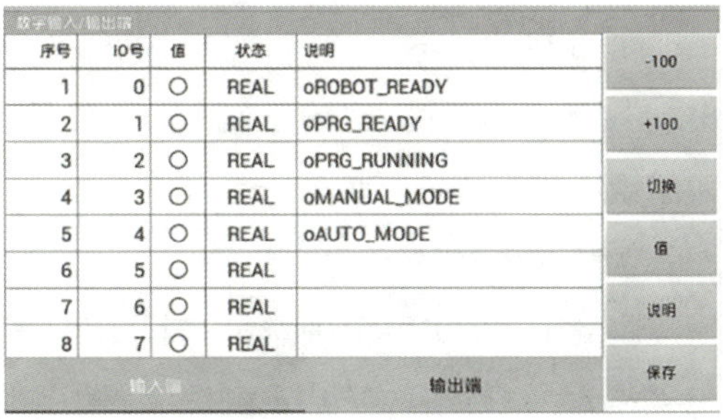

序号	IO号	值	状态	说明
1	0	○	REAL	oROBOT_READY
2	1	○	REAL	oPRG_READY
3	2	○	REAL	oPRG_RUNNING
4	3	○	REAL	oMANUAL_MODE
5	4	○	REAL	oAUTO_MODE
6	5	○	REAL	
7	6	○	REAL	
8	7	○	REAL	

图2–17　数字输出端

表2–5　数字量输入/输出说明

编号	说明
序号	数字输入/输出序列号
io号	数字输入/输出IO号
值	输入/输出端数值。如果一个输入或输出端为TRUE，则被标记为红色。单击值可切换值为TRUE或FALSE
状态	表示该数字输入/输出端为真实IO或虚拟IO，真实IO显示为REAL，虚拟IO显示为VIRTUAL
说明	给该数字输入/输出端添加说明
–100	在显示中切换到之前的100个输入或输出端
100	在显示中切换到之后的100个输入或输出端
切换	可在虚拟和实际输入/输出之间切换
值	可将选中的IO置为TRUE或者FALSE
说明	给选中行的数字量输入/输出添加解释说明，选中后单击可更改
保存	保存IO说明

数字量输入/输出显示

2. 模拟量输入/输出

可以在示教器上查看模拟量的输入/输出状态。在主菜单中选择“显示”→“输入/输出端”→“模拟输入/输出端”。“模拟输入/输出端”的界面如图2–18所示，模拟量输入/输出说明如表2–6所示。

操作步骤：

步骤1：在主菜单中选择“显示”→“输入/输出端”→“模拟输入/输出端”。

步骤2：单击选择特定的输入/输出端，通过界面右边的按钮对其进行操作。

图2-18 “模拟输入/输出端”界面

表2-6 模拟量输入/输出说明

编号	说明
-100	在显示中切换到之前的100个输入/输出端。
+100	在显示中切换到之后的100个输入/输出端。
值	可对选中的输出模拟量设置电压值。
说明	给选中行的模拟量输入/输出添加解释说明，选中后单击可更改。
保存	保存模拟量说明
配置	配置模拟量的修正值

（二）实际位置

通过显示实际位置功能，可以显示机器人当前各个轴的角度或笛卡尔坐标系的数据，当显示笛卡尔式实际位置，则显示TCP的当前位置（X、Y、Z）和方向（A、B、C）。当显示轴相关的实际位置，则将显示轴A1至A6的当前位置。如果有附加轴，也显示附加轴的位置。

在机器人运行过程中，会实时更新每个轴的实际位置。图2-19显示的为笛卡尔实际坐标，图2-20显示的为轴相关的实际位置。

操作步骤：

步骤1：在主菜单中选择“显示”→“实际位置”。将显示笛卡尔式实际位置。

步骤2：单击“轴相关”以显示轴相关的实际位置。

步骤3：单击“笛卡尔式”以再次显示笛卡尔式实际位置。

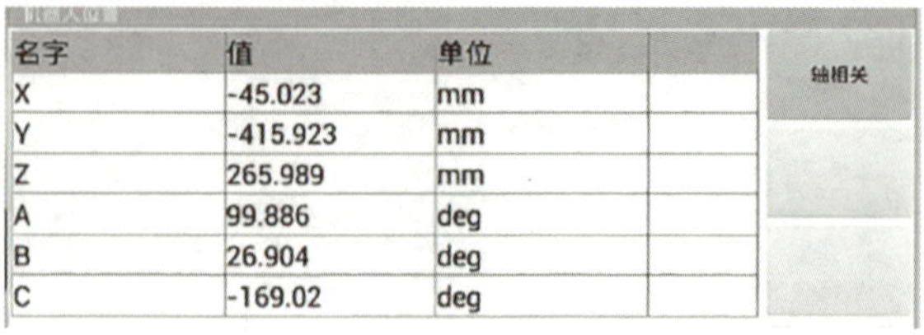

名字	值	单位
X	-45.023	mm
Y	-415.923	mm
Z	265.989	mm
A	99.886	deg
B	26.904	deg
C	-169.02	deg

图2-19　笛卡尔式实际位置

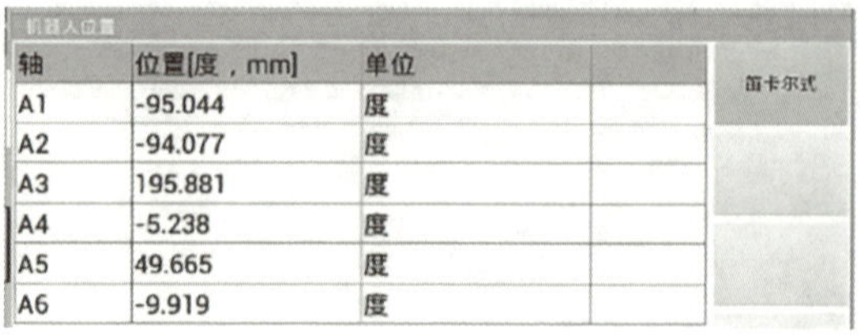

轴	位置[度，mm]	单位
A1	-95.044	度
A2	-94.077	度
A3	195.881	度
A4	-5.238	度
A5	49.665	度
A6	-9.919	度

图2-20　轴相关的实际位置

（三）变量列表

变量列表选项显示了系统中设置的变量类型和值，在示教器上单击“显示”→“变量列表”，即可进入变量列表选项。变量列表包含了工具坐标系变量UT、基坐标系变量UF、数值寄存器R、关节型坐标寄存器JR、笛卡尔型坐标寄存器LR等。选中相关的变量后，单击右侧的“修改”，可以对该变量的值进行修改。注意修改后保存。

操作步骤：

步骤1：在主菜单中选择“显示”→“变量列表”，将显示相关变量列表，如图2-21所示。

步骤2：单击不同的变量列表，则会显示相关变量。

步骤3：通过右侧的功能按钮可以实现翻页、复制、粘贴、修改、保存寄存器等功能。

步骤4：所有修改操作后必须单击“保存”，才能将数据保存进文件。

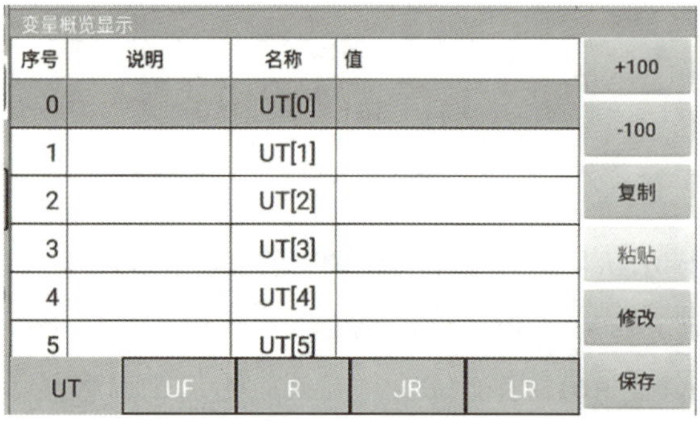

序号	说明	名称	值
0		UT[0]	
1		UT[1]	
2		UT[2]	
3		UT[3]	
4		UT[4]	
5		UT[5]	

图2-21　变量列表

机器人变量列表

注　意

设置完成后，需单击“保存”进行保存，未保存的数据断电重启后则丢失。

四、投入运行

（一）校准

在机器人运行前必须进行轴零点校准。机器人只有在零点校准之后才可进行正确的多轴联动运动。零点校准时，需要将机器人的各关节轴移动到机械零点位（即轴的零点刻度线位置），然后校准零点，记录轴初始位置对应的编码器位置信息。

零点校准功能分为校准零点和标定保存绝对零点。在校准零点后，如果在后续调试过程中不小心设置了一个非零点位置为零点，需要重新零点校准，仅通过人工校准将可能导致精度误差（因为机械臂出厂前已经通过插销和专业设备进行过零点校准和位置补偿）；通过标定和保存绝对零点操作后，无须重新零点校准，只需单击“恢复零点”即可。在表2–7所示的三种情况下必须对机器人进行校准。

表2–7　校准情况说明

情况	备注
机器人投入运行前	必须校准，否则不能正常运行
机器人发生碰撞，编码器值丢失后	必须校准，否则不能正常运行
更换电动机或者编码器后	必须校准，否则不能正常运行

注　意

①机器人投入运行前必须校准，否则不能正常运行。

②若要进行零点校准操作，需要管理员权限。

1. 内部轴校准操作步骤

步骤1：单击“菜单”→“投入运行”→“调整”→校准”，进入校准界面，如图2–22所示。

步骤2：移动机器人到机械原点。

步骤3：待各轴运动到机械原点后，单击“初始位置”列表中的各个选项，弹出输入框，输入正确的初始角度位置（各轴初始化位置角度为系统设定的固定值），单击“确定”。

步骤4：各轴初始角度位置数据输入完毕后，单击“保存校准”，轴校准后会立即生效，可通过查看当前实际位置判断校准是否成功。

2. 外部轴校准操作步骤

步骤1：单击“菜单”→“投入运行”→“调整”→“校准”。

步骤2：移动机器人外部轴到机械原点。

步骤3：单击下方“附加轴”。

步骤4：待外部轴运动到机械原点后，单击“初始位置”列表中的各个选项，弹出输入框，输入外部轴零点位置数据，然后单击“确定”。

步骤5：校准完毕后，单击“保存校准”，保存校准数据，立即生效。轴数据校准后会立即生效，可通过查看当前实际位置判断校准是否成功。

注　意

如果显示校准不成功 ，请检查网络是否连接成功；也可支持单轴校准（校准后，当前的实际位置会变成设置的校准值，一般固定位置为固定校准值）。

3. 绝对零点保存操作步骤

步骤1：单击“菜单”→“投入运行”→“调整”→“校准”。

步骤2：移动机器人到机械原点（即零点）。

步骤3：待各轴运动到机械原点后，单击“初始位置”列表中的各个选项，弹出输入框，输入正确的初始角度位置数据，单击“确定”。

步骤4：各轴初始角度位置数据输入完毕后，单击“标定”，保存标定数据，可通过当前位置数据和编码器值数据检验保存是否成功。

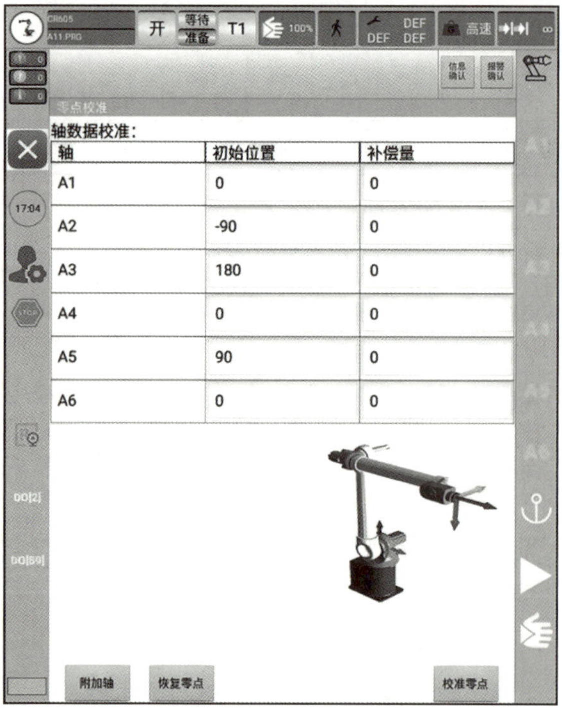

图2-22　零点校准

4. 恢复零点保存操作步骤

步骤1：单击“菜单”→“投入运行”→“调整”→“校准”。

步骤2：单击“初始位置”列表中的各个选项，弹出输入框，输入正确的初始角度位置数据（与标定时相同的数据），单击“确定”。

步骤3：各轴数据输入完毕后，单击“恢复”，立即生效，可通过运动回零点检验恢复是否成功。

机器人零点校准

注 意

①不同机型机械零点位置不完全相同，校准值也不完全相同，可咨询相关技术人员。同样在非零点位置处标定，校准值也不相同。

②零点标定完成后，需重启系统一次，以防止因为标定后未重启，进行系统升级时零点丢失。

（二）软限位

通过设定软限位开关，可限制所有机械手和定位轴的轴范围。软限位开关用作机器人防护，设定后可保证机器人运行在设置范围内。软限位开关在工业机器人运行时被设定。根据现场环境，依次对每个轴进行相应限位设置，轴数据的单位都是弧度单位。在设置限位信息时，负限位的值必须小于正限位的值。

操作步骤：

步骤1：单击菜单选项，依次单击“投入运行”→“软限位开关”，进入“软限位设置”界面，如图2-23所示。

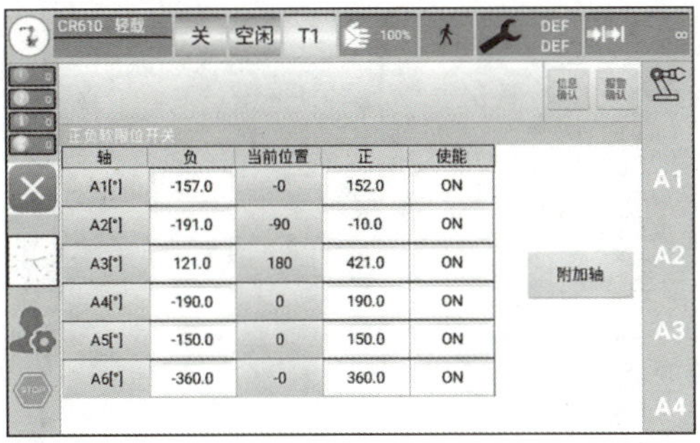

图2-23 软限位设置

软限位设置

步骤2：选中某一轴，在表格中编辑限位数据，单击限位使能“开/关”开启或关闭使能限位。

步骤3：设置完所有轴的软限位信息之后，单击“保存”，立即设置生效。

注 意

①机器人投入运行之前，必须使能限位开关，并设置相应轴数据，否则可能会造成损失。限位基于机器人的校准零点得出的运动范围，以校准零点为前置条件。

②设置限位需要管理员权限。

五、工业机器人坐标系

工业机器人的运动实质是根据不同作业内容和轨迹的要求，在各种坐标系下的运动。工业机器人的坐标系主要包括轴坐标系、世界坐标系、工件坐标系（基坐标系）、工具坐标系，机器人默认坐标系是一个笛卡尔坐标系，固定位于机器人底部，如图2-24所示。它可以根据世界坐标系说明机器人的位置。

（1）轴坐标系。轴坐标系为机器人单个轴的运行坐标系，轴坐标系的原点设置在机器人关节中心点处，反映了该关节处每个轴相对该关节坐标系原点位置的绝对角度。机器人控制系统对各关节正负方向的定义如图2-25所示。可以简单记为A2、A3、A5关节，以“抬起/后仰”为正，“下降/前倾”为负；A1、A4、A6关节满足右手定则，即大拇指沿关节轴线指向机器人末端，则其他4指方向为关节正方向，反之为负方向。在关节坐标系中可针对单个轴进行操作。

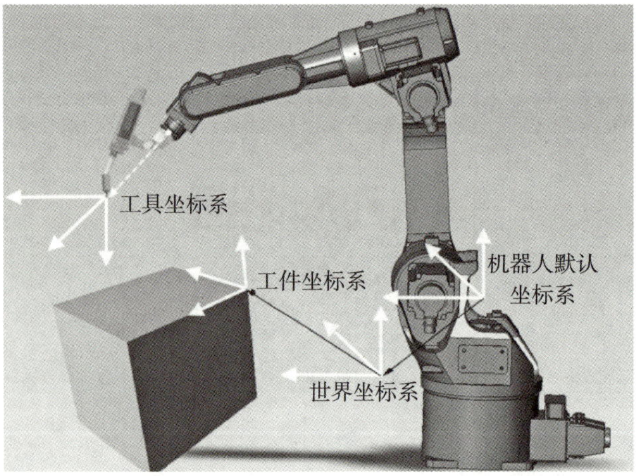

图2-24　工业机器人坐标系

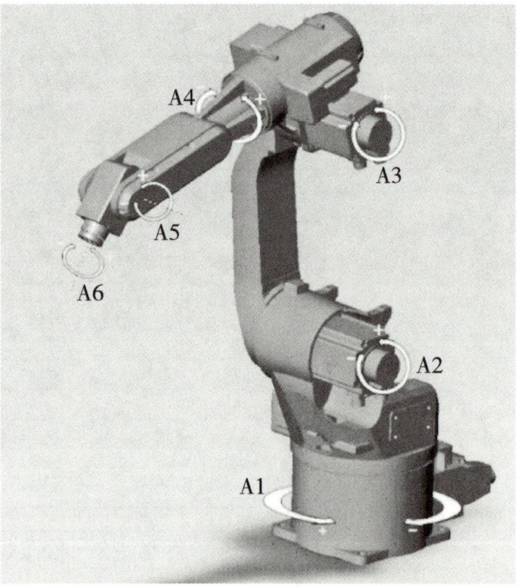

图2-25　工业机器人轴坐标系

（2）世界坐标系。世界坐标系是一个固定的笛卡尔坐标系，是机器人默认坐标系和基坐标系的原点坐标系。在默认配置中，世界坐标系与机器人默认坐标系是一致的。

（3）工具坐标系。工具坐标系是一个笛卡尔坐标系，位于工具的工作点中，其原点及方向都是随着末端工具的角度不断变化的。在默认配置中，工具坐标系的原点在法兰中心点上。工具坐标系由用户移入工具的工作点。该坐标系实际上是由世界坐标系通过旋转及位移变化而来的。

（4）工件坐标系。工件坐标系是一个笛卡尔坐标系，用来说明工件的位置。在默认配置中，工件坐标系与机器人默认坐标系是一致的。修改工件坐标系后，机器人即按照设置的坐标系运动。

轴坐标系运动　　世界坐标系运动　　工具坐标系运动　　工件坐标系运动

项目实施

一、设备的开启和关闭

（一）清点机器人的结构组成与上电前准备

工业机器人由控制柜、机器人本体、示教器三部分组成，如图2–26所示。上电前将配电柜AC220V电源对应接入控制柜，并检查HSpad示教器、机器人本体与控制柜之间的连接线是否对应连接好，如图2–27所示。

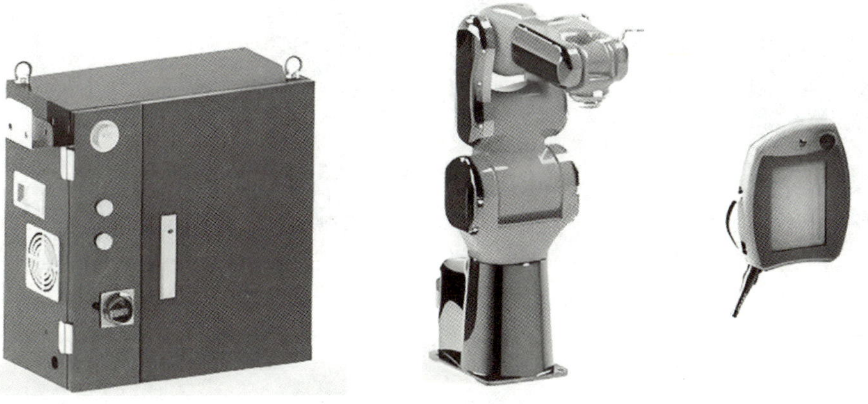

图2–26　工业机器人的结构组成

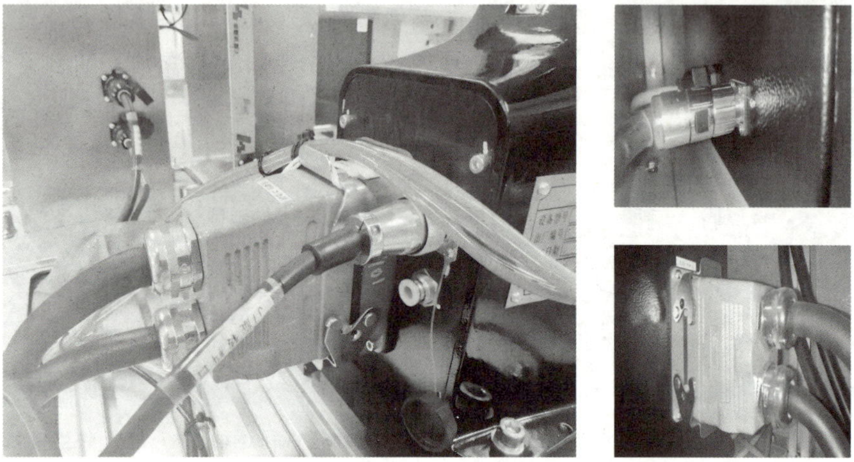

图2-27　机器人电路连接

（二）工业机器人安全开机、关机检查

1. 安全开机

接通电柜供电开关，确认AC220V电压无误，旋转控制柜电源开关为“ON”状态，控制柜电源指示灯（白色）点亮，待示教器与控制器连接成功，示教器信息提示机系统初始化成功，如图2-28所示。示教器正常起动且无报警，表示系统正常起动，复位急停按钮，即可进行机器人的操作。

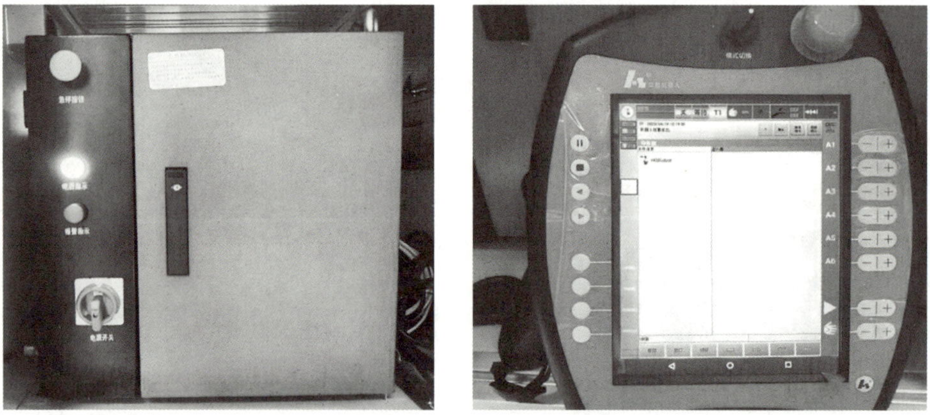

图2-28　工业机器人安全开机检查

2. 安全关机

机器人操作完毕，按下控制柜或示教器的任意急停按钮，将IISpad示教器挂在控制柜的示教器固定架上，旋转控制柜电源开关为“OFF”状态，同时确保控制柜内的断路器处于“OFF”状态，控制柜电源指示灯（白色）熄灭。

二、手动移动工业机器人

（一）与轴相关的移动

在手动模式（T1或T2）下，可用示教器右侧的点动按钮进行与轴相关的运动，操作步骤如下。

步骤1：选择运行按钮的坐标系统为轴坐标系，如图2–29所示。运行按钮旁边会显示“A1~A6”。

步骤2：设定手动倍率。

步骤3：按住安全开关，此时使能处于打开状态。

步骤4：按下正或负运行按钮，使机器人轴朝正方向或反方向运动。

（二）笛卡尔坐标的移动

在手动模式（T1或T2）下，可用运行按钮按笛卡尔坐标移动，操作步骤如下。

步骤1：选择运行按钮的坐标系统为世界坐标系。运行按钮旁边会显示一些名称，如图2–30所示，图中X、Y、Z用于沿选定坐标系的轴做线性运动；A、B、C用于沿选定坐标系的轴做旋转运动。

步骤2：设定手动倍率。

步骤3：按住安全开关，此时使能处于打开状态。

步骤4：按下正或负运行按钮，以使机器人朝正方向或反方向运动。

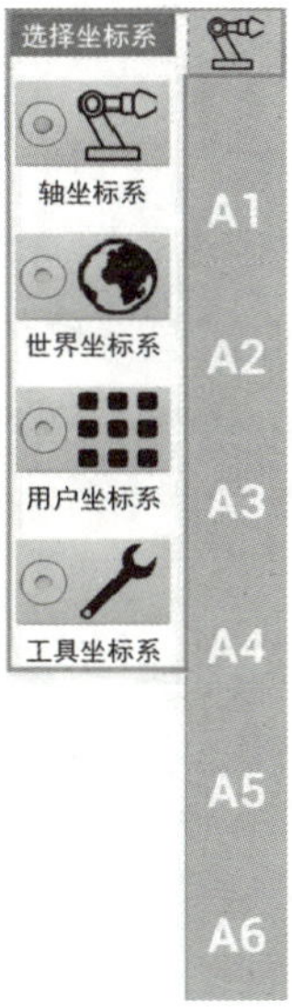

图2–29　轴坐标系选择

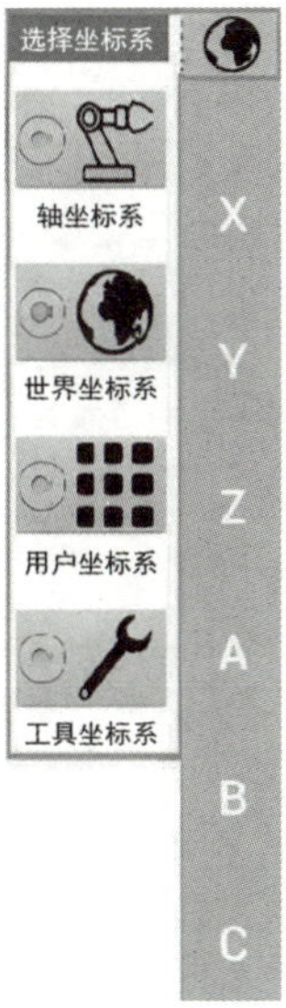

图2–30　世界坐标系选择

注 意

当机器人在运动过程中出现两条轴线共线导致自由度减少时，机器人会出现奇异点报警，此时控制系统的坐标运算为无穷大，无解。若出现奇异点报警，应操作机器人在关节坐标下避开奇异点，清除报警后再操作机器人。

（三）增量式手动模式移动

运行时可以用运行按钮接通增量式手动模式（T1或T2），增量式手动模式可使机器人按照设定距离移动后停止，如表2–8所示。

（1）以同等间距进行点的定位。

（2）从一个位置移动所定义的距离，如在故障情况下。

（3）使用测量表调整下列选项，可供使用。

表2–8 增量式手动移动的设置

设置		说明
持续的	已关闭增量式手动移动	增量单位为“mm”，适用于在X、Y、Z方向的笛卡尔运动 增量单位为“°”，适用于在A、B、C方向的笛卡尔运动
100mm/1°	1增量=100mm或10°	
10mm/3°	1增量=10mm或3°	
1mm/1°	1增量=1mm或1°	
0.1mm/0.005°	1增量=0.1mm或0.005°	

在手动模式（T1或T2）下，增量式手动移动的操作步骤如下。

步骤1：单击增量状态图标，打开“增量式手动移动”窗口，选择增量移动方式，如图2–31所示。

步骤2：采用笛卡尔式或与轴相关的模式，用运行按钮运行机器人。

若机器人已配置附加轴E1、E2、E3等，使用手动按钮依次对应运行。

注 意

如因放开了安全开关，机器人的运动被中断，则在下一个动作中被中断的增量不会继续，而会从当前位置开始一个新的增量。

图2-31　增量式手动移动

寸动（增量式）运行的应用

连续运行的应用

三、工业机器人的点位示教及保存

（一）工业机器人的JR变量点位示教及保存

机器人位置可以用JR变量来进行记录，操作步骤如下。

步骤1：在主菜单选择“显示”→“变量列表”，将显示相关变量列表。

步骤2：单击“JR”选项，则会显示JR变量，如图2-32所示。

步骤3：通过右侧的功能按钮可以实现翻页、复制、粘贴、修改、保存寄存器等功能。

步骤4：选中某一个具体变量后，通过单击“修改”进入“手动修改坐标”界面，如图2-33所示。

步骤5：通过上方的功能按钮可以实现清空、获取坐标、停止运动、关节到点、直线到点等功能，也可以直接在下方输入某个轴的具体数字。

步骤6：必须单击“保存”后所有修改的操作才能保存进文件。

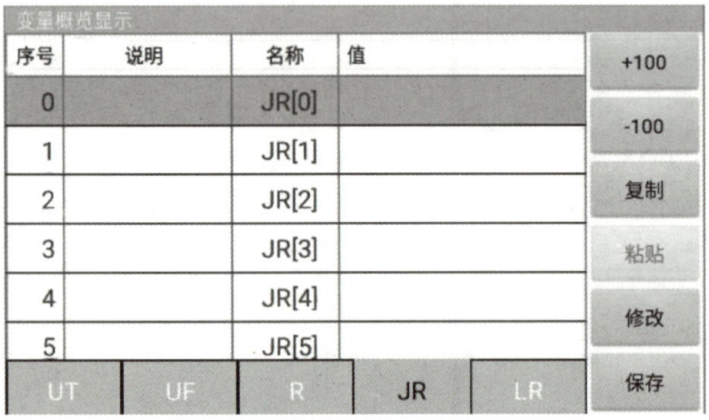

图2-32　JR变量列表

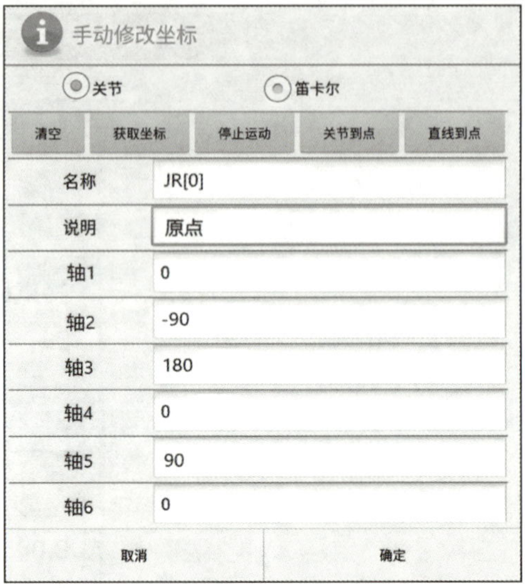

图2-33　JR变量修改

（二）工业机器人的LR变量点位示教及保存

机器人位置可以用LR变量来进行记录，操作步骤如下。

步骤1：在主菜单选择“显示”→“变量列表”，将显示相关变量列表。

步骤2：单击“LR”选项，则会显示LR变量，如图2-34所示。

步骤3：通过右侧的功能按钮可以实现翻页、复制、粘贴、修改、保存寄存器等功能。

步骤4：选中某一个具体变量后，通过单击“修改”进入“手动修改坐标”界面，如图2-35所示。

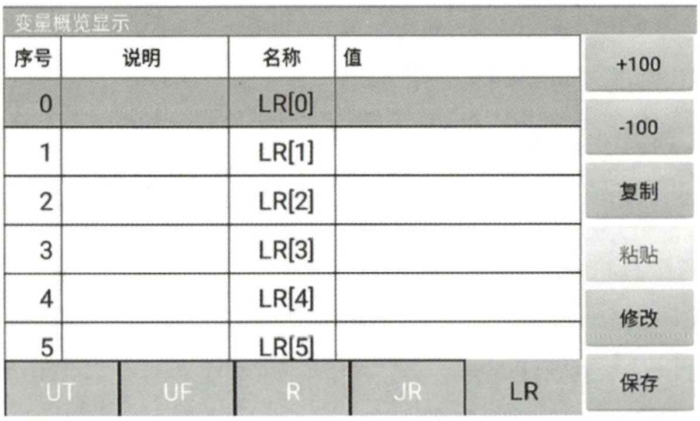

图2-34　LR变量列表

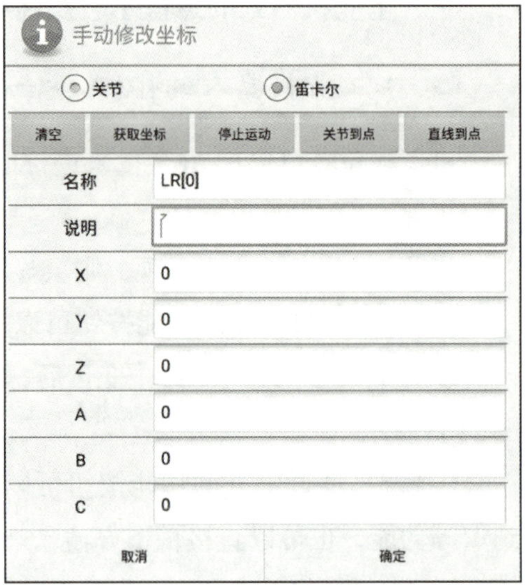

图2-35　LR变量修改

步骤5：通过上方的功能按钮可以实现清空、获取坐标、停止运动、关节到点、直线到点等功能，也可以直接在下方输入某个轴的具体数字。

步骤6：必须单击“保存”后所有修改的操作才能保存进文件。

（三）工业机器人的P变量点位示教及保存

机器人位置除了用变量列表中的JR和LR记录之外，在编写程序时还可以用P变量来记录，操作步骤如下。

步骤1：示教器模式切换到手动模式（T1或者T2），手动上使能，移动机器人到工作空间中的目标位置。

步骤2：选择合适的坐标系，在使能状态下按相应的按钮即可移动机器人，修改记录的点位名称，光标位于此时可单击“记录关节”或者“记录笛卡尔坐标”，如图2-36所示。

图2-36　P变量点位示教

工业机器人的点位示教
及保存

四、工业机器人数据备份与恢复

（一）备份/还原设置

导航器界面文件进行备份与还原时，首先需要进行备份与还原路径设置，操作步骤如下。

步骤1：单击“主菜单”→“文件”→“备份/还原设置”，打开“备份/还原设置”对话框，如图2-37所示。

步骤2：设置备份和还原路径为udisk（U盘）或者默认路径（默认路径存放于示教器本地），在管理员权限下可以手动输入备份和还原的路径。

步骤3：在导航器界面选中想要备份的文件，单击“备份”即可完成备份，备份文件位于设置的路径下。

步骤4：在导航器界面，单击“恢复”，会显示设置的还原路径下的文件，选择需要恢复的选项，单击“确定”即可完成文件还原。如果是从U盘还原需要先插入U盘。

注　意

示教器的程序文件存放于“ES文件浏览器”App中的SD/HSpad/program/目录下，连接上U盘后，同样也可在“ES文件浏览器”界面下扫描到udisk（U盘）目录。

备份/还原设置

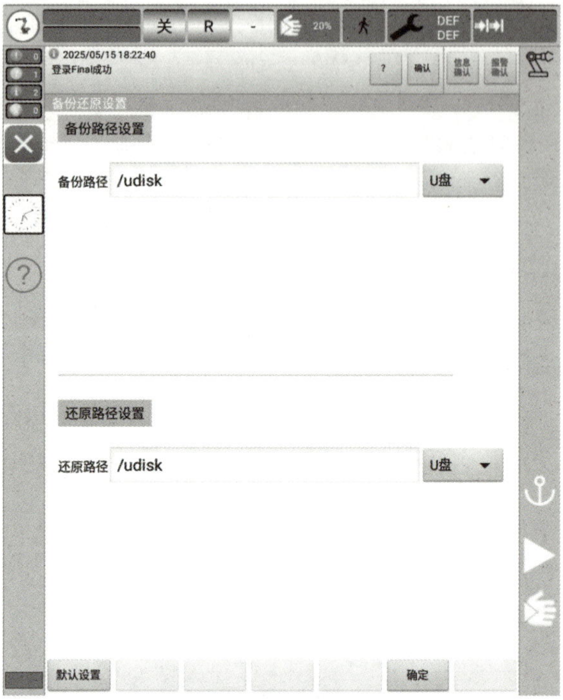

图2–37　备份/还原路径设置

（二）备份/恢复

通过备份可以将示教器中的程序或文件复制到U盘中，通过恢复可以将U盘中的程序或文件复制到示教器中，操作步骤如下。

步骤1：选择“导航器”界面中需要备份的程序或者文件，如图2–38所示。

步骤2：在U盘已插入示教器且保证识别到的情况下，单击“备份”，将选中的程序或者文件备份到U盘。

步骤3：在U盘已插入示教器且保证识别到的情况下，单击“恢复”，弹出“选择恢复的程序”界面，如图2–39所示。

步骤4：选择需要恢复的程序或者文件，单击“确定”，程序或者文件恢复到

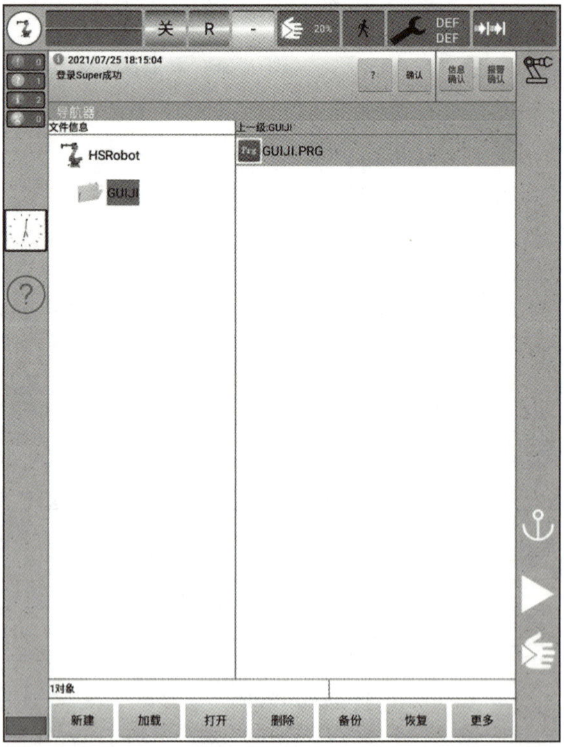

图2–38　程序备份

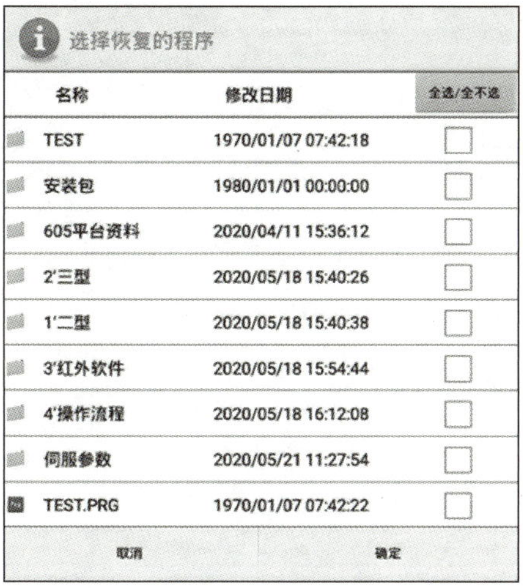

图2-39 “选择恢复的程序”界面

文件的备份/恢复

导航器中。

注 意

备份/恢复前需提前设置好备份/恢复路径，备份的程序或文件存放于U盘/udisk/文件夹下，需要恢复的程序或文件存放于U盘/udisk/文件夹下。

（三）获取寄存器文件

该功能分为获取寄存器文件、发送寄存器文件两部分（变量列表寄存器文件），通过U盘获取控制器寄存器文件，以及发送寄存文件恢复控制器的寄存器数据，操作步骤如下。

步骤1：在菜单栏选择“文件”→“获取寄存器文件”，进入“获取寄存器文件”界面，如图2-40所示。

步骤2：单击选择“组号”下拉框选项（默认选择“0”）。

步骤3：选中复选框，选择需要发送或获取的文件。

步骤4：单击“发送文件”/“获取文件”。

步骤5：单击“确认”，确认操作。

获取寄存器文件

注 意

获取到的寄存器文件存放于U盘/udisk/regfile/文件夹下。发送寄存器文件时同样需要把发送的文件存放于U盘/udisk/regfile文件夹下。发送寄存器文件在重启系统后生效。

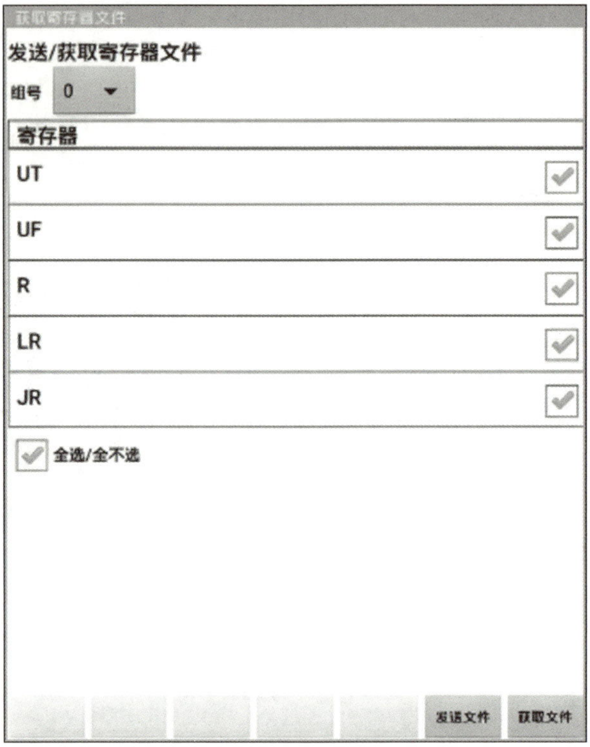

图2-40　获取寄存器文件

（四）日志文件备份

该功能提供了获取控制器以及示教器操作等相关的日志功能，操作步骤如下。

步骤1：在菜单栏选择“文件”→“日志文件管理”，进入“日志文件管理”界面，如图2-41所示。

步骤2：选中需获取的日志对象的复选框。

步骤3：在U盘已插入示教器且保证识别到的情况下，单击“获取文件”，弹出“路径选择”界面。

日志备份

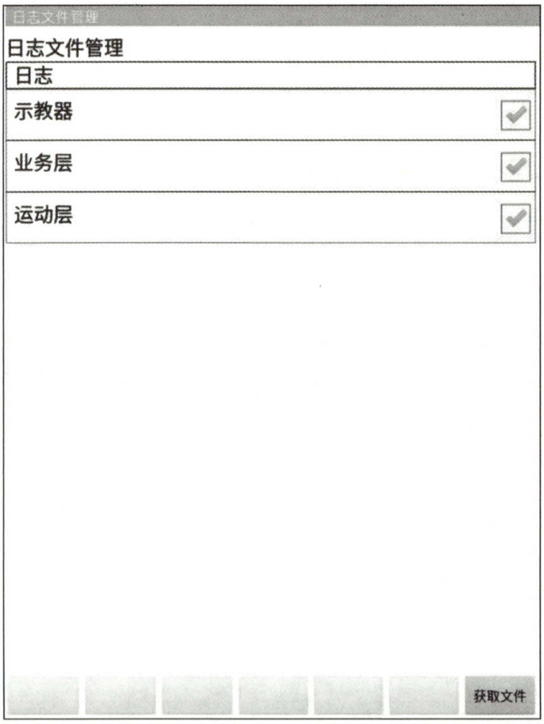

图2-41　获取日志文件

步骤4：单击“确定”，将把日志文件发送到所选的文件夹下。

五、工业机器人回参考点

（一）通过变量列表回参考点

在“主菜单”界面单击“显示”→“变量列表”，如图2-42示，弹出图2-43所示的“变量概览显示”窗口，选择“JR［0］”，单击“修改”，弹出图2-44所示的“手动修改坐标”对话框，按下安全开关，单击“关节到点”，完成工业机器人回参考点的操作。

图2-42 “主菜单”界面

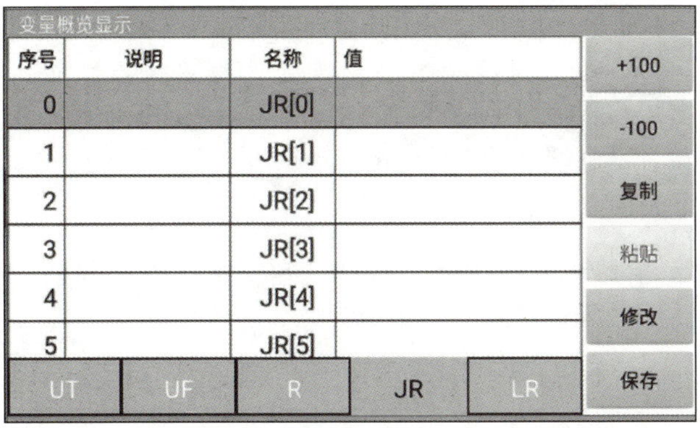

图2-43 “变量概览显示”窗口

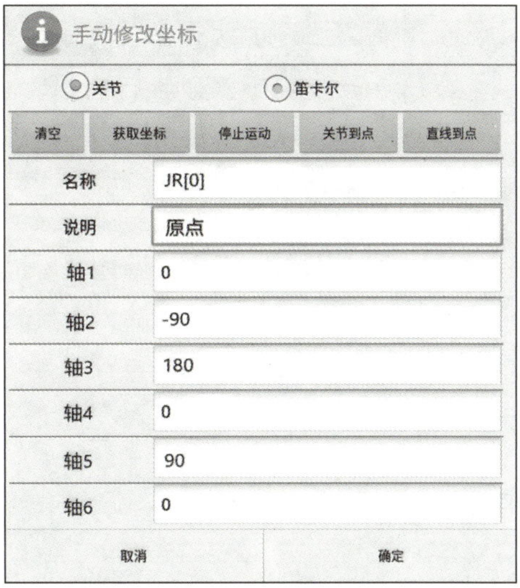

图2-44 “手动修改坐标”对话框

（二）通过回零程序回参考点

通过现场调试事先配置的逻辑程序，执行不同的运动指令，回到生产起始位置（并非自动识别回零轨迹），实现机器人一键回零，简化操作步骤。

回零程序示例如下。

```
LBL［X］
WAIT DI［10］=ON          '保护作用：等待信号满足才往下执行，否则一直阻塞在此行
LR［1］=LPOS              '获取当前位置：赋值给LR［1］寄存器
IF LR［1］［0］<200，GOTO LBL［1］
IF LR［1］［0］>=200，GOTO LBL［2］
```

```
LBL[1]
LP[0]                    '回零过渡点0
LBL[2]
LP[1]                    '回零过渡点1
LJR[0]                   '回到零点
```

操作步骤如下。

步骤1：打开“主菜单”，依次单击“配置”→“控制器配置”→“回零程序配置”。

步骤2：单击“配置程序”，选中回零程序。

步骤3：单击“保存”，设置完成。

步骤4：手动模式下，在程序处于空闲状态时打开使能。

步骤5：单击右侧的“一键回零”图标，可执行回零程序。

注　意

①通过回零程序进行一键回零前需编写及配置好回零程序。

②回零程序的执行只针对手动模式和自动模式。

③手动模式下立即执行回零、自动模式下执行需二次确认。

④回零程序首次执行或有修改，需在手动或自动模式下加载一遍，才会将最新的程序更新至控制器。

项目报告

班级		姓名		学号	
指导教师			时间	年　月　日	
课程名称					
项目	工业机器人手动操作				
学习目标	了解工业机器人安全使用环境，按规程操作工业机器人。认识示教器，掌握工业机器人示教器界面功能，了解HSpad常用配置，熟练使用示教器进行工业机器人的手动操作。				
注意事项	1.在教师的指导下完成实训任务。 2.在实训过程中不要乱改机器人的相关设置及参数。 3.在工业机器人运动过程中，禁止触碰工业机器人。 4.在工业机器人手动操作时尽量降低运行速度。 5.在运行过程中，注意机器人奇异点位置。 6.当工业机器人运动异常时，应及时按下急停开关。				
学习任务	任务1：设备的开机和关机				
	在实训前完成设备的正确开机，在实训后完成设备的正确关机。				

<table>
<tr><td rowspan="4">学习任务</td><td>任务 2：熟悉机器人示教器的使用</td></tr>
<tr><td>1. 正确完成示教器备用按钮的设置。

2. 熟练使用示教器的显示功能。</td></tr>
<tr><td>任务 3：手动移动工业机器人</td></tr>
<tr><td>1. 与轴相关的移动。

2. 笛卡尔坐标的移动。

3. 增量式手动模式移动。</td></tr>
</table>

<table>
<tr><td rowspan="4">学习任务</td><td>任务4：工业机器人的点位示教及保存</td></tr>
<tr><td>1. 工业机器人的JR变量点位示教及保存。

2. 工业机器人的LR变量点位示教及保存。

3. 工业机器人的P变量点位示教及保存。</td></tr>
<tr><td>任务5：工业机器人数据备份与恢复</td></tr>
<tr><td>1. 备份还原设置。

2. 程序的备份恢复。

3. 获取寄存器文件。

4. 日志文件备份。</td></tr>
</table>

学习任务	任务6：工业机器人回参考点 1.通过变量列表回参考点。 2.通过回零程序回参考点。
学习心得	

项目评价

工业机器人手动操作				
职业素养（40分）				
序号	内容	自评	互评	师评
1	正确穿戴工作服和安全帽（10分）			
2	安全规范地使用工具、量具（10分）			
3	安全文明地使用示教器（10分）			
4	环境摆放及“8S”现场（10分）			
技能操作（60分）				
1	正确开机和关机（10分）			
2	手动移动机器人（10分）			
3	工业机器人的点位示教及保存（15分）			
4	工业机器人数据备份与恢复（15分）			
5	工业机器人回参考点（10分）			
综合评价				

项目三

工业机器人打磨应用编程

项目分析

为满足工件打磨的需要，打磨机器人应运而生。在打磨领域，采用工业机器人磨抛提高生产率和产品质量是大势所趋，工业机器人广泛应用于手机、笔记本计算机、厨具、汽车等的打磨，如图3-1所示。本项目模拟笔记本计算机的打磨，完成轨迹描绘模块的编程与操作，轨迹描绘模块（见图3-2）由圆形、多边形、曲线等轨迹组成。

工业机器人打磨应用案例

图3-1　打磨工业机器人

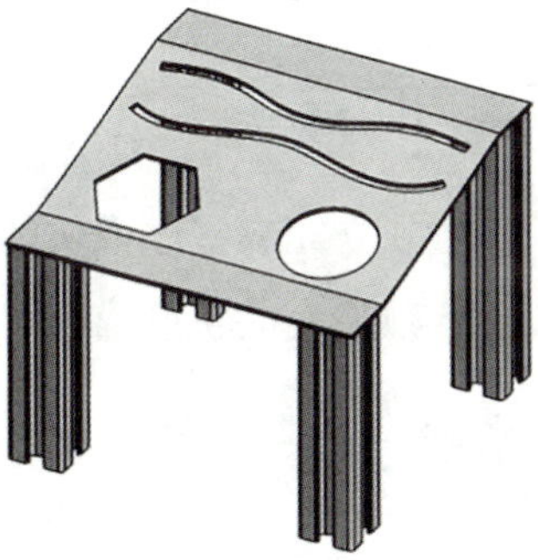

图3-2　轨迹描绘模块

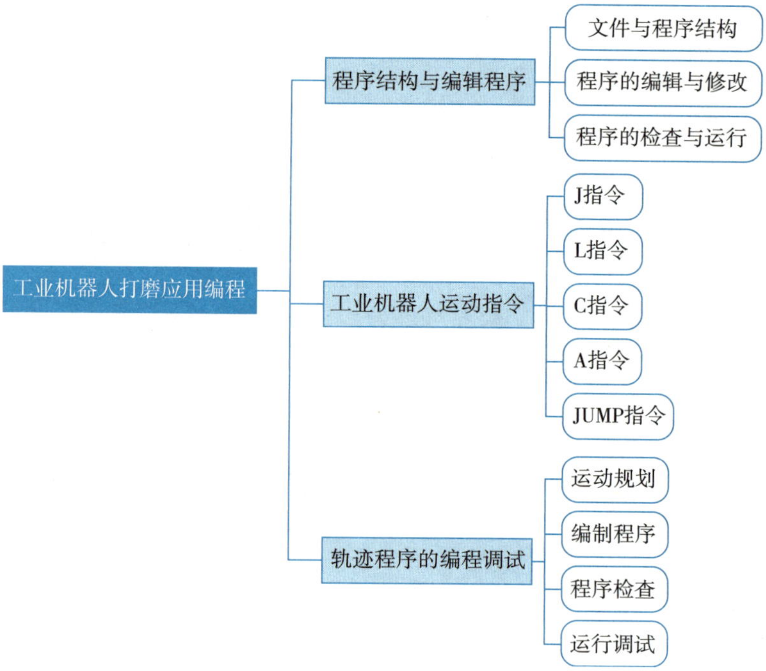

学习目标

知识目标

- 掌握工业机器人程序的结构与建立方法。
- 掌握运动指令的运动特点、格式及使用方法。

能力目标

- 独立完成程序模块的新建与保存，进行程序编写、调试、自动运行。
- 独立完成轨迹描绘模块的程序编写与调试。

素养目标

- 通过学习知识，养成自主学习的习惯。
- 通过项目实施，养成基于流程的科学工程思维。
- 通过组内合作，提高团队协作能力及责任意识。

相关知识

一、程序结构与编辑程序

（一）文件与程序结构

1. 程序结构

华数Ⅲ型控制系统供给用户使用的程序是只有一种类型的PRG文件，其中支持PRG程序调用其他的PRG程序，调用其他程序的文件为主程序，被调用的则为子程序，程序结构如表3-1所示，示教器中的程序结构如图3-3所示。

表3-1　程序结构

程序	程序模块	功能
<attr> VERSION:0 GROUP:[0] <end>	轴初始化	绑定业务层及轴组
<pos> P[1]{GP:0,UF:-1,UT:-1,JNT:[-0.0, -89.998, 180.001, 0.001, 89.994, 0.001, 0.0, 0.0, 0.0]}; P[2]{GP:0,UF:-1,UT:-1,CFG:[0, 0, 0, 0, 0, 1],LOC:[286.522, -0.0, 232.473, 179.999, 0.0, 179.999, 0.0, 0.0, 0.0]}; <end>	变量声明	定义坐标变量，声明变量
<program> LBL[1] J P[1] VEL=50 L P[2] VEL=50 C JR[1] LR[1] VEL=50 GOTO LBL[1]	程序内容	添加语句块

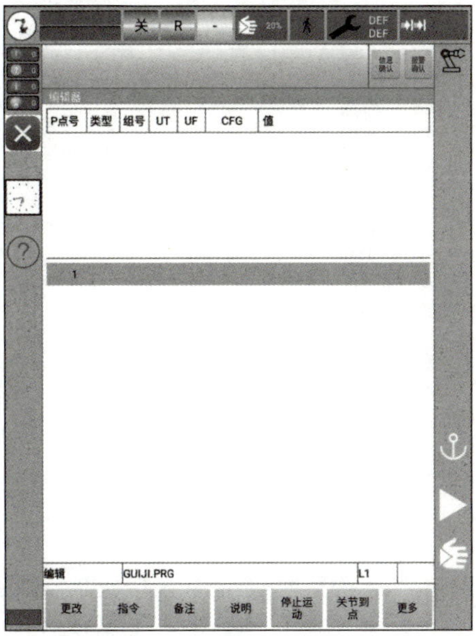

图3-3　示教器中的程序结构

2. 坐标类型

在程序结构中坐标变量有自定义坐标类型P点、寄存器的关节坐标JR、笛卡尔坐标LR。定义一个变量P［1］点，关节坐标，含义如下。

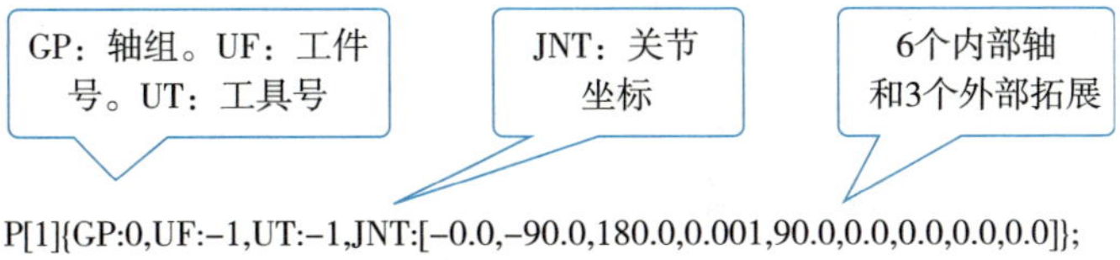

定义一个变量P［1］点，笛卡尔坐标，含义如下。

GP：轴组。UF：工件号。UT：工具号

CFG：形态位

LOC：笛卡尔坐标 6个内部轴和3个外部拓展

P[2]{GP:0,UF:–1,UT:–1,CFG:[0,0,0,0,0,1],LOC:[530.0,–313.0,500.0,179.999,0.0,179.999,0.0,0.0,0.0]};

（二）程序的编辑与修改

1.新建程序

步骤1：打开“导航器”，目录结构如图3–4所示，在目录结构中选择要在其中创建新文件夹的文件夹，单击“新建”。

步骤2：选择“文件夹”，给出文件夹名称“GUIJI”，如图3–5所示，并单击“确定”。

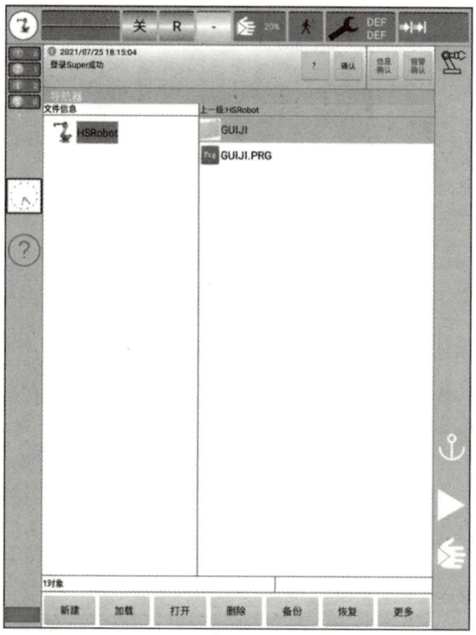

图3–4　目录结构

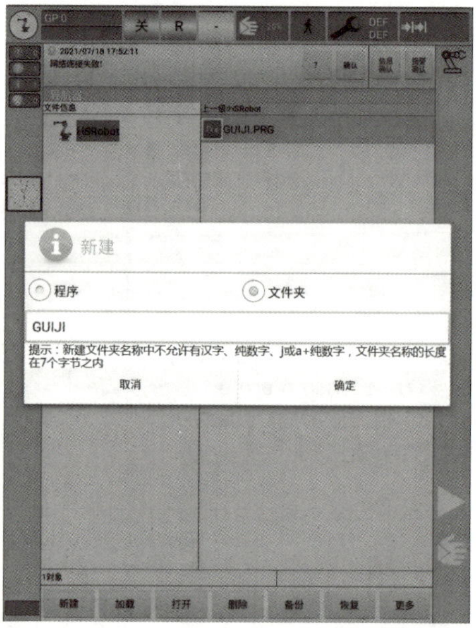

图3–5　将文件夹名称输入对话框

步骤3：在目录结构图3–4中选择要在其中建立程序的文件夹，单击“新建”。

步骤4：选择“程序”，输入程序名称“GUIJI”，名称中不能包含空格，如图3–6所示，单击“确定”即建立程序“GUIJI”，如图3–7所示。

注　意

组掩码用于定义程序的属性，默认为0，*表示逻辑指令程序（非运动指令程序），用于RUN多线程程序。

程序操作说明

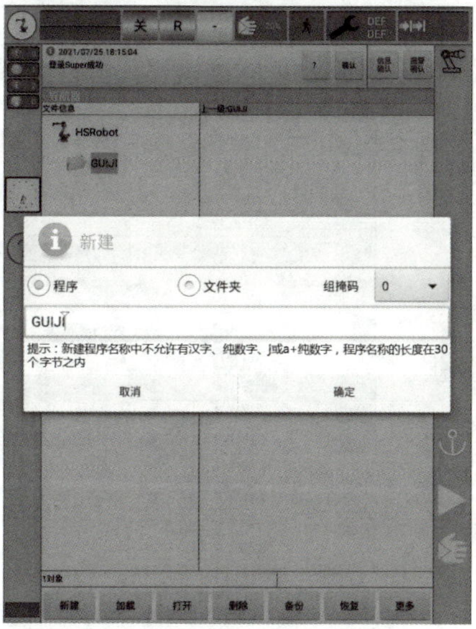

图3-6　将程序名称输入对话框

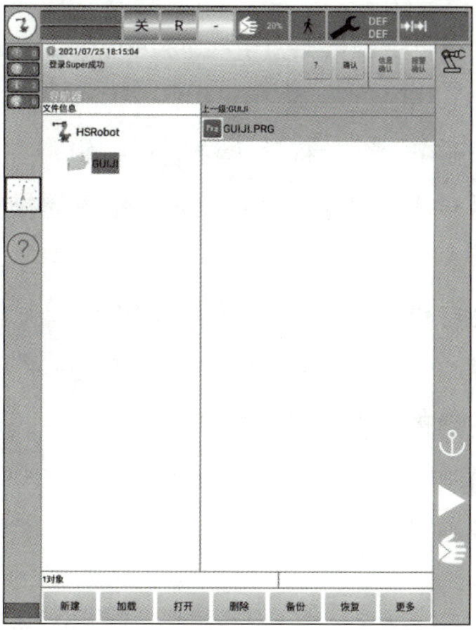

图3-7　建立程序“GUIJI”

2. 打开程序

可以选择或打开一个程序，之后将显示出一个程序编辑器，而不是导航器。在程序显示和导航器之间可以来回切换，打开程序的操作步骤如下。

步骤1：在图3-8所示“导航器”中选中“GUIJI”程序，并单击“打开”。

步骤2：如果选定了一个PRG程序，单击“确认”后可打开程序，“编辑器”中将显示该程序，如图3-9所示。

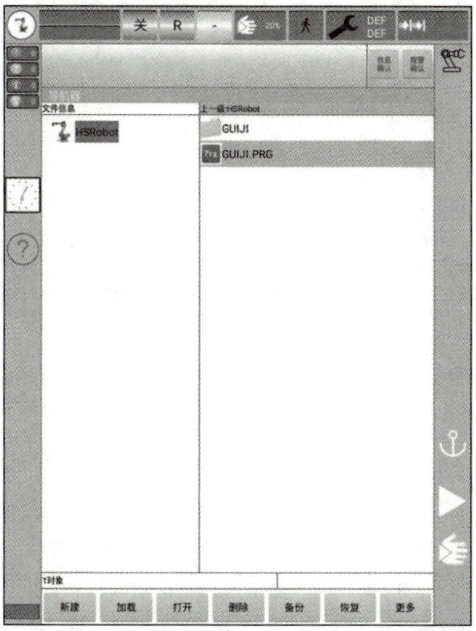

图3-8　示教器软件操作“导航器”界面

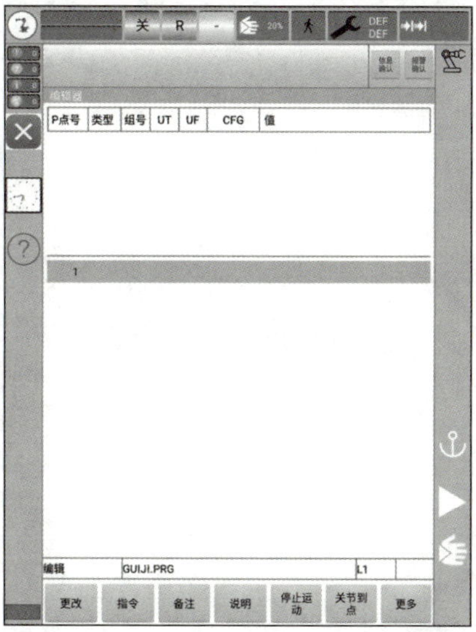

图3-9　“编辑器”中将显示该程序

3. 编辑程序

编辑程序是指对程序指定行进行插入指令、更改，以及对程序进行备注、说明、保存、复制、粘贴等。对正在运行的程序无法进行编辑，在外部模式下可以对程序进行编辑。编辑程序的操作步骤如下。

步骤1：打开程序，进入“编辑器”。

步骤2：选择要在其后添加指令的一行，单击下方工具栏的“指令”，将弹出如图3-10所示的“指令”菜单供选择，添加“运动指令”中的“J”。

步骤3：将弹出图3-11所示对话框，用于添加相关数据。

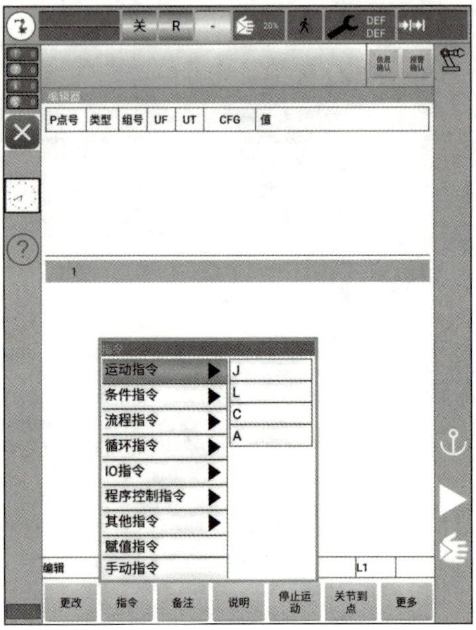

图3-10 “指令”菜单

选项1：单击“记录关节”，则记录机器人当前各个关节的坐标值，并保存在P［0］中。

选项2：单击“记录笛卡尔”，则记录机器人在当前笛卡尔坐标系下的坐标值，并保存在P［0］中。

选项3：单击“手动修改”，对保存的数据进行修改。

步骤4：相关数据添加完成后，单击右下角的“确定”，则将指令成功添加，如图3-12所示；单击左下角的“取消”，则会放弃指令添加操作。

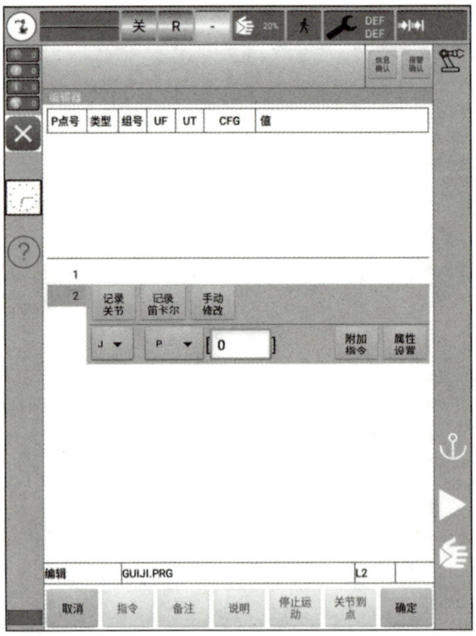

图3-11 “指令”编辑界面

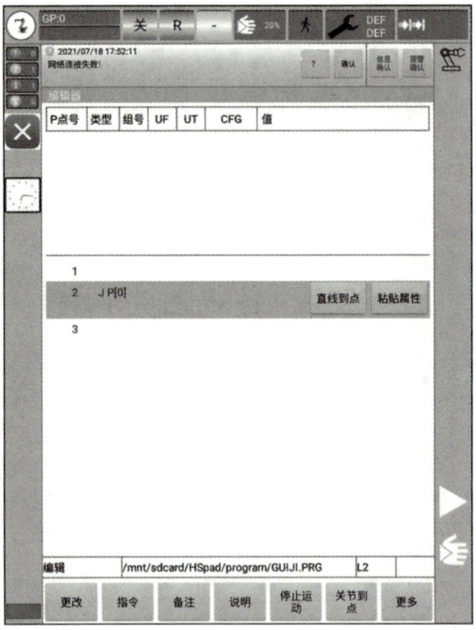

图3-12 程序编辑界面指令成功添加

4. 保存程序

如果对一个选定的程序进行了编辑，则在编辑完成后必须进行保存才能对该程序进行加载，在程序加载后不能对程序进行更改。

步骤1：在“编辑器”界面，单击“更多”，弹出图3-13所示界面。

步骤2：单击“保存”，即可对正在编辑的程序进行保存。

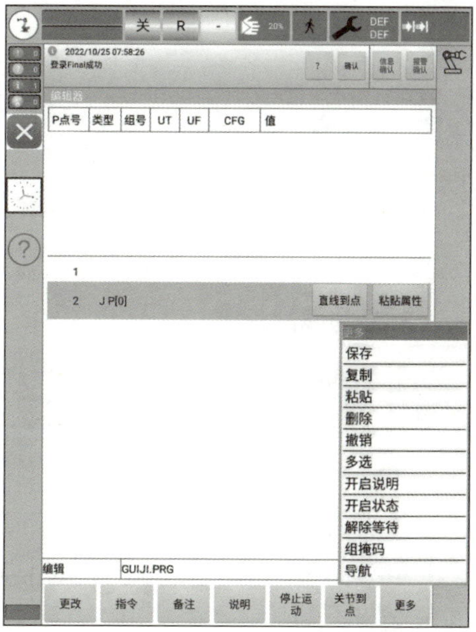

图3-13 保存程序

（三）程序的检查与运行

1. 检查程序

在程序编写完成后，首次运行程序前应先进行检查，以保证程序的正常运行。编写和运行程序时经常会遇到错误，若程序有语法错误，则提示报警、出错程序及出错行号，若程序无错误，则检查完成。

2. 加载程序

示教器在手动模式（T1、T2）或自动模式下均可选择程序并加载，操作步骤如下。

步骤1：在“导航器”中选定程序“GUIJI”并单击“加载”，如图3-14所示。

步骤2：编辑器中将显示该程序，如图3-15所示，编辑器中始终显示相应的打开文件，同时会显示运行光标。

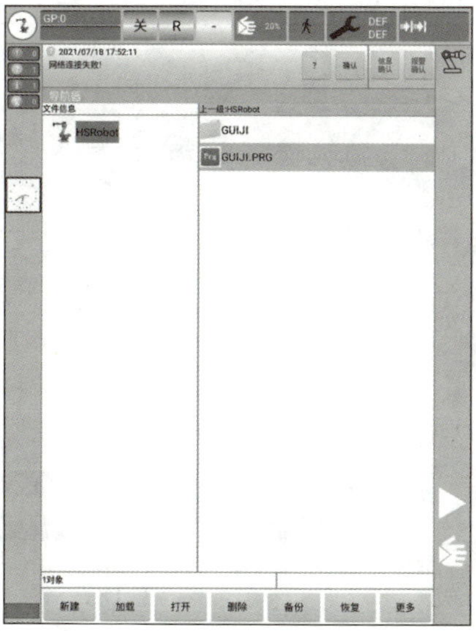

图3-14 程序加载

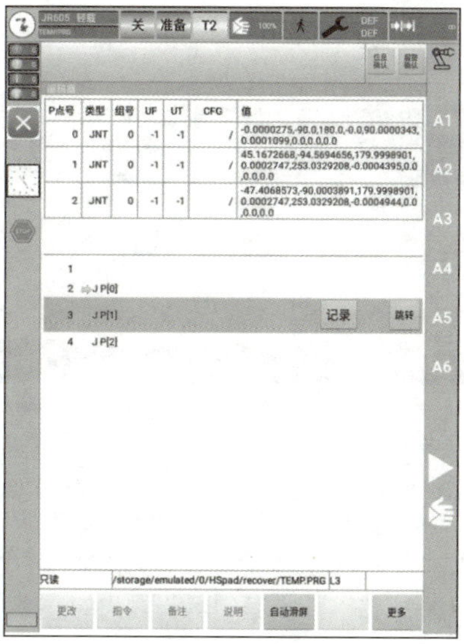

图3-15 程序加载后的界面

步骤3：取消加载程序。选择“更多”→“取消加载程序”或者直接单击“取消加载”。

注 意

如果程序正在运行，则在取消程序前必须将程序停止。

3.手动调试程序

本系统的程序运行有连续和单步两种方式，程序运行方式的含义如表3–2所示。在手动调试程序的过程中建议选择单步运行方式，具体操作步骤如下。

步骤1：选定程序，选择程序运行方式（T1或者T2），如图3–16所示。

步骤2：选择“程序运行方式”为“单步”，如图3–17所示。

步骤3：单击“使能”，如图3–18所示，直到状态栏的“使能状态”显示为“开”的状态。

步骤4：按下起动按钮，程序开始单步运行。

步骤5：若要停止，用力按下安全开关，或者按下停止按钮。

表3–2　程序运行方式的含义

程序运行方式	说明
连续	程序不停顿地运行，直至程序结尾
单步	每次单击“开始”之后只运行一行程序

图3–16　程序运行模式的选择

图3–17　单步程序运行方式的选择

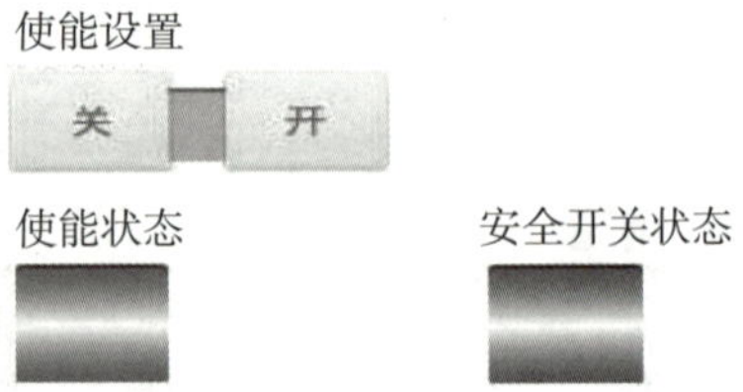

图3–18　使能开关

4. 自动运行程序

选定程序，自动运行程序（不是外部模式）的操作步骤如下。

步骤1：切换运动方式时会自动设置为连续运行。

步骤2：单击“使能”，直到使能状态变为使能“开”的状态，如图3-19所示。

步骤3：按下起动按钮，程序开始执行。

步骤4：自动运行时，按下停止按钮将停止程序运行。

图3-19　连续运行方式下状态栏显示

5. 程序运行突发情况的处理

经过调试修改的程序在自动运行过程中，常会出现“运动速度突变”“误动作起动了不同的程序”等突发情况。因此在程序运行中，特别要注意以下突发情况的应对。

（1）手动加载可单步运行，自动加载只能连续运行。

（2）修改程序前必须先取消加载，停止运行程序。

（3）程序自动运行速度建议低于75%，防止发生碰撞。

（4）调试运行过程中机器人保持在按下急停按钮时的姿态。

（5）人员须时刻保持与机器人的安全距离。

二、工业机器人运动指令

运动指令是机器人示教时常用的指令，运动指令能实现以指定速度、特定路线模式等将工具从一个位置移动到另一个指定位置。在使用运动指令时需指定以下内容。

（1）动作类型：指定采用什么运动方式控制到达指定位置的运动路径。机器人的动作类型有五种，即五种运动指令：点位之间的快速运动J指令、直线运动L指令，画圆弧的C指令、画圆弧的A指令以及沿门形运动轨迹的JUMP指令。运动指令编辑框如图3-20所示，其中各标签的含义如表3-3所示。

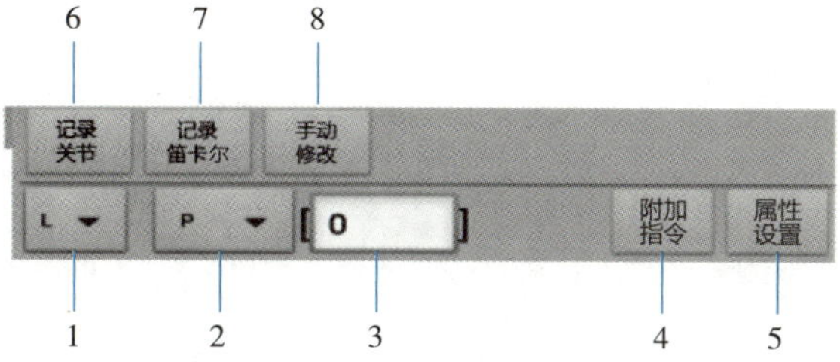

图3-20　运动指令编辑框

表3-3　运动指令编辑框各标签的含义

编号	说明
1	选择指令，可选J、L、C、A、JUMP五种指令。当选择C、A指令时，对话框会弹出两个点，用于记录位置
2	新记录的点的方式，光标位于此时可选择用P、JR、LR三种中的一种来记录点
3	设置点的序号
4	可添加位置补偿、工具补偿、增量、绑定触发器等作为附加指令
5	属性设置，可在属性设置对话框中添加/删除点对应的属性，在编辑参数后，单击确认，将该参数对应到该点
6	将新记录的点赋值为关节坐标值
7	将新记录的点赋值为笛卡尔坐标值
8	单击后可打开修改坐标对话框，打开后手动修改坐标值

（2）位置数据：指定运动的目标位置。

（3）进给速度：指定机器人运动的进给速度。

（4）定位路径：指定相邻轨迹的过渡形式。

（一）J指令

1. J指令说明

J指令以单个轴或某组轴（机器人组）的当前位置为起点，移动某个轴或某组轴（机器人组）到目标点位置。移动过程中不进行轨迹以及姿态控制（即关节运动）。工具的运动路径通常是非线性的，在两个指定的点之间任意运动。

2. J指令语法

J <target position> {Optional Properties}

3. J指令示例

（1）J P［1］VEL=50 ACC=100 DEC=100 VROT=50

（2）J P［2］

4. J指令参数（可选）

J指令包含一系列可选运动参数：VEL（速度）、CNT（平滑过渡）、ACC（加速比）、DEC（减速比）等。属性设置后，仅针对当前运动有效，该运动指令运行结束后，恢复到默认值。如果不设置参数，则使用各参数的默认值运动，如上述J P［2］使用的默认参数。

5. J指令操作步骤

步骤1：标定需要插入行的上一行。

步骤2：选择“指令”→“运动指令”→“J”，进入运动指令编辑框，如图3-20所示。

步骤3：输入点位名称。

步骤4：配置指令的参数（不设置时为默认运动参数）。

步骤5；手动移动机器人至需要的姿态或位置。

步骤6；选中输入框后，单击“记录关节”或者“记录笛卡尔”，指令修改框右上方会显示记录的坐标。

步骤7；单击操作栏中的“确定”，添加J指令完成。

（二）L指令

1. L指令说明

L指令以机器人当前位置为起点，控制其在笛卡尔空间范围内进行直线运动，常用于对轨迹控制有要求的场合。L指令的控制对象只能是机器人组。

2. L指令语法

L <target position> {Optional Properties}

3. L指令示例

（1）L P［1］VEL=50 ACC=100 DEC=100 VROT=50

（2）L P［2］

4. L指令参数（可选）

L指令包含一系列可选运动参数：VEL（速度）、CNT（平滑过渡）、ACC（加速比）、DEC（减速比）、VROT（姿态速度）等。属性设置后，仅针对当前运动有效，该运动指令运行结束后，恢复到默认值。如果不设置参数，则使用各参数的默认值运动。

5. L指令操作步骤

步骤1：标定需要插入行的上一行。

步骤2：选择“指令”→“运动指令”→“L”，进入运动指令编辑框，如图3-20所示。

步骤3：输入点位名称。

步骤4：配置指令的参数（不设置时为默认运动参数）。

步骤5：手动移动机器人至需要的姿态或位置。

步骤6：选中输入框后，单击“记录关节”或者“记录笛卡尔”，指令修改框右上方会显示记录的坐标。

步骤7：单击操作栏中的“确定”，添加L指令完成。

（三）C指令

1. C指令说明

C指令以当前位置为起点，CIRCLEPOINT为中间点，TARGETPOINT为终点，控制机器人在笛卡尔空间进行圆弧轨迹运动（三点确定一个圆弧），同时附带姿态的插补。

2. C指令语法

C CirclePoint=<vector> TargetPoint={<vector>} {Optional Property}

3. C指令示例

L P[1]

C P[2]P[3]

'整圆时写法如下

L P[1]

C P[2]P[3]

C P[4]P[1]

上述示例如图3-21所示。

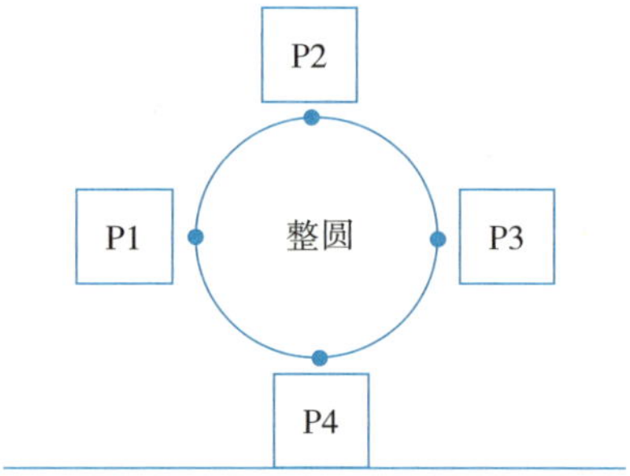

图3-21　三点确定一个圆弧

4. C指令参数（可选）

C指令包含一系列可选运动参数：VEL、CNT、ACC、DEC、VROT等。属性设置后，仅针对当前运动有效，该运动指令运行结束后，恢复到默认值。如果不设置参数，则使用各参数的默认值运动。

5. C指令操作步骤

步骤1：标定需要插入行的上一行。

步骤2：选择“指令”→“运动指令”→“C”，进入运动指令编辑框，如图3-20所示。

步骤3：单击第一个位置点输入框，移动机器人至需要的姿态或位置，单击“记录关节”或者“记录笛卡尔”，记录圆弧第一个点完成。

步骤4：单击第二个位置点输入框，移动机器人至需要的姿态或位置，单击“记录关节”或者“记录笛卡尔”，记录圆弧目标点。

步骤5：配置指令的参数。

步骤6：单击操作栏中的“确定”，添加C指令完成。

（四）A指令

1. A指令说明

A指令机器人当前位置的三点共同组成同一半径的两段圆弧，实现前两点为一半径的圆弧，后两点为另一半径的圆弧，且两段圆弧之间可进行点位添加和删除，可以为两段圆弧的运动设置不同属性。

2. A指令语法

A [target point] {Optional Properties}

3. A指令示例

J P [1] VEL =100

A P [2] VEL =500

A P [3] VEL =500

A P [4]

A P [5]

L P [6]

上述示例（见图3–22）中，执行第一个圆弧运动A指令（第2行）时，机器人的运动方式为直线运动，即机器人从当前位置P [1] 直线运动到目标点P [2]，从P [2] 圆弧运动到P [3]，从P [3] 圆弧运动到P [4]，从P [4] 圆弧运动到P [5]，从P [5] 直线运动到P [6]。

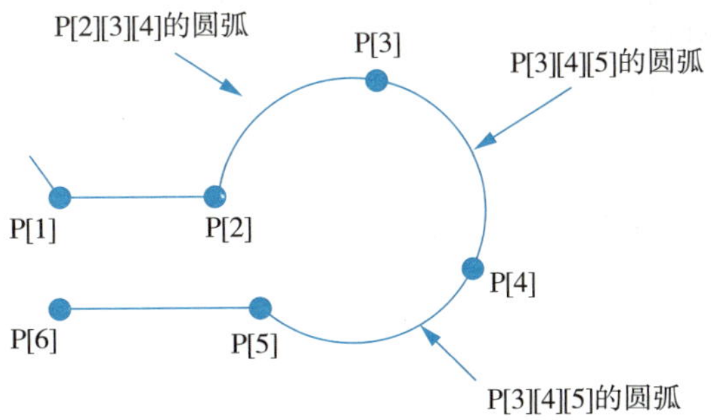

图3–22　A指令图示

4. A指令操作步骤

步骤1：标定需要插入行的上一行。

步骤2：选择“指令”→“运动指令”→“A”，进入运动指令编辑框，如图3-20所示。

步骤3：输入点位名称。

步骤4：配置指令的参数（不设置时为默认运动参数）。

步骤5：手动移动机器人至需要的姿态或位置。

步骤6：选中输入框后，单击“记录关节”或者“记录笛卡尔”，指令修改框右上方会显示记录的坐标。

步骤7：单击操作栏中的“确定”，添加A指令完成。

（五）JUMP指令

1. JUMP指令说明

JUMP指令可通过只示教一个点，便使机器人沿门形轨迹进行运动。运动时机器人进行三段轨迹运动。第一段轨迹为垂直上升运动，第二段轨迹为平面关节运动，第三段轨迹为垂直下降运动。该指令仅能在SCARA机器人上使用，六轴机器人无法使用该指令。

2. JUMP指令语法

JUMP P［X］LIMZ=z ARCH_A=α ARCH_B=b

（1）P［X］/JR［X］/LR［X］：门形轨迹目标点。机器人从当前位置以门形轨迹运行到目标点。

（2）LIMZ=z。离Z=0（工件坐标系）平面的距离为$z$mm的平面。机器人在该平面做关节运动。

①$z>0$，在Z=0平面上面。

②z=0，为Z=0平面。

③$z<0$，在Z=0平面下面。

（3）ARCH_A=α。安全上升距离。机器人沿第一段轨迹直线上升的距离，从机器人的当前位置上升$a$mm。

（4）ARCH_B=b。安全下降距离。机器人沿第三段轨迹直线下降的距离，下降$b$mm后到达目标点。

上述示例如图3-23所示。

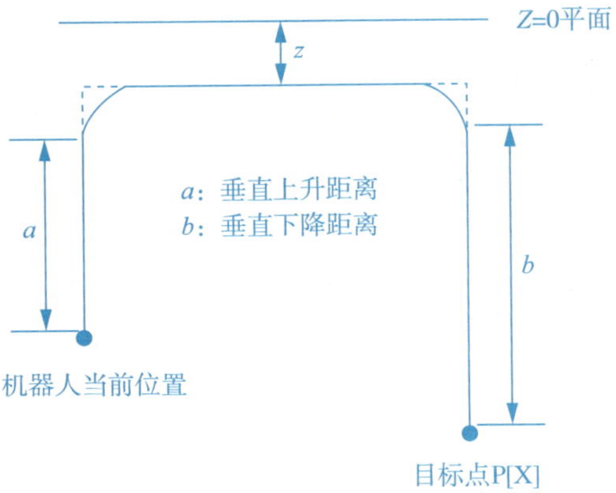

图3-23　JUMP运动指令图示

3. JUMP指令示例

JUMP P［1］LIMZ=10 ARCH_A=10 ARCH_B=30

J P［2］

4. JUMP指令操作步骤

步骤1：标定需要插入行的上一行。

步骤2：选择“指令”→“运动指令”→“JUMP”，进入运动指令编辑框，如图3–20所示。

步骤3：输入点位名称。

步骤4：配置指令的参数。

步骤5：手动移动机器人至需要的姿态或位置。

步骤6：选中输入框后，单击“记录关节”或者“记录笛卡尔”，指令修改框右上方会显示记录的坐标。

步骤7：单击操作栏中的“确定”，添加JUMP指令完成。

工业机器人运动指令

（六）运动指令的运动参数

支持设置局部和全局运动参数两种形式。局部运动参数即指令行的运动参数，其优先级高于全局运动参数。

局部运动参数的设置示例如下。

J P［1］VEL=100 ACC=100

全局运动参数的设置示例如下。

J_VEL=100

J_ACC=100

J P1

运动指令的运动参数如表3–4所示。

表3–4 运动指令的运动参数

名称	说明
VEL	速度
VROT	姿态速度
ACC	加速比
DEC	减速比

（七）运动指令的附加属性

可以根据实际使用情况在运动指令后面添加附加属性，支持添加的附加属性如表3–5所示。

表3–5 运动指令的附加属性

名称	说明
CNT/FINE	定位类型
INC	增量指令
OFFSET	位置补偿
TOOL_OFFSET	工具偏移补偿
SKIP	中断指令
BIND_TR	绑定信号触发器
WAIT	等待指令
COORD	协同控制指令
PASS	跳过等待运动执行指令
SMOOTH	柔顺等级
TURN	末端轴旋转参数
TALARM	旋转轴的限位报警开关

1.CNT属性

CNT属性是运动附加属性，可用于两段运动轨迹的路径平滑过渡，减少运动停顿，其值为百分比（范围为0～100）。

机械臂的运动平滑策略是基于时间优化处理的方式，CNT属性值的含义：平滑轨迹所占时间与该段轨迹总运动时间*T*的一半的比值。*T*是该段轨迹运动所需要的总时间，如图3-24所示。

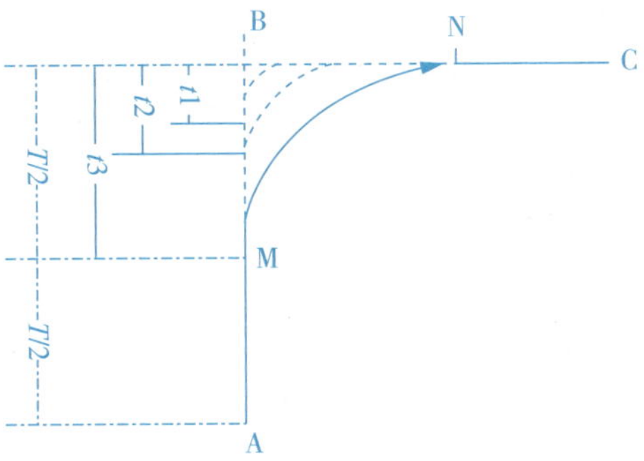

图3-24　CNT属性图示

由于轨迹S和运行时间*t*成正相关，因此可以使用某个时刻的轨迹点和总轨迹的关系来可视化描述系统的CNT属性。

举例说明如下。

路径为A→B→C，在B点使用平滑过渡功能，CNT属性值的含义为CNT=BM/（AB/2）*100。

CNT=30=*t*1/（*T*/2）;

CNT=50=*t*2/（*T*/2）;

CNT=100=*t*3/（*T*/2）;

CNT属性值越大，机械臂从越靠近AB段轨迹的中点处开始平滑轨迹，CNT属性值最大时，从轨迹的中点开始平滑轨迹。

CNT=0时，表示没有平滑，机械臂运动将经过B点，并且在B点的速度降低为0，然后继续下一段运动。

程序示例如下。

```
L P [ 1 ]              'A点
L P [ 2 ] CNT=40       'B点从AB段40%处开始平滑过渡到C点（即D点，BD=40/AB）
L P [ 3 ]              'C点
```

信号输出与平滑过渡点的关系提示如下。

```
L P［1］
L P［2］CNT=50
DO［1］= ON          '此时信号在过渡点D点输出
J P［3］
```

WAIT等待条件与平滑过渡的关系提示如下。

```
L P［1］
L P［2］CNT=50
WAIT DO［1］=ON      '此时信号在过渡点D点输出
J P［3］
```

注意：当WAIT条件不满足时，会停在点P［2］等待条件满足，此时是没有平滑的。

2. FINE属性

FINE属性是使机械臂准确运动到目标点位置并停留，用于精确控制机械臂到点。由于伺服位置反馈的延时，当位置指令控制机械臂到达目标点后，机械臂实际上可能还没到位，因此需要等待机械臂到位后再执行下一段运动。

程序示例如下。

```
L P［0］
L P［1］CNT=FINE
L P［2］
```

在上述执行流程中，首先机械臂直线运动到点P［0］，再精确直线运动到点P［1］，然后直线运动到点P［2］。

提示：CNT=0和CNT=FINE都表示机械臂在该点的速度降为0，但是CNT=0表示经过该点但不停留，CNT=FINE表示运动到该点，并且等待位置反馈到位。

3. CNT_TYPE平滑类型

CNT_TYPE平滑类型扩展了三种不同的平滑类型，不同值对应不同的类型。CNT_TYPE=0为普通平滑；CNT_TYPE=1/2/17针对小线段使用（分别为速度平滑、轨迹平滑、速度型平滑，注意CNT_TYPE=17设置的运动参数为实际下发速度），用于涂胶、打磨等小线段的应用。

4.SKIP属性

SKIP属性可以实现中断执行当前运动指令的功能。使用SKIP属性前需要在运动指令中添加SKIP，然后配置触发中断的IO。机器人在执行当前运动指令的过程中，如果满足配置的触发条件，机器人会立即结束当前运动，开始执行程序的下一行。如果在机器人运动到目标点之前没有满足触发条件，那机器人会执行完当前运动行，待到达目标点之后执行程序的下一行指令。SKIP属性设置如图3-25所示。

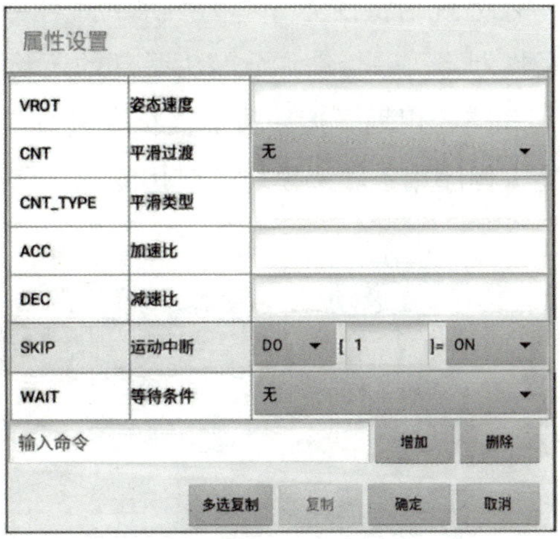

图3-25　SKIP属性设置图示

程序示例如下。

J P［1］

J P［2］SKIP DO［1］=ON　　　'当DO［1］=ON条件为真时，运行时跳过P［2］点；条件为假时正常运动完该点

J P［3］

5. WAIT指定距离等待信号指令

当执行运动程序时，机器人从当前点向目标点运行，运行到设定的距离时触发条件判断。如果条件满足，则机器人继续前进，运动到目标点；如果条件不满足，则机器人减速停止，等待WAIT条件满足后起动，运行到目标点。

程序示例如下。

J P［1］WAIT DI［1］=ON DE=100　'在距离P［1］100mm处判断DI［1］的信号是否为ON

L P［1］

项目实施

完成轨迹模块的应用编程需经过4个环节，包括运动规划、示教编程、程序检查及运行调试。工业机器人应用编程的完整工作流程图如图3-26所示。

编程前需要先进行运动规划，运动规划是分层次的，按照层次高低依次分为任务规划、动作规划和路径规划。任务规划将任务分解为一系列子任务，动作规划将每一个子任务分解为一系列动作，路径规划将每一个动作分解为手部的运动轨迹。

操作人员依照动作规划和路径规划，运用机器人指令进行示教编程。程序编好后必须进行测试，测试完成后才能将程序用于轨迹模块的应用编程。

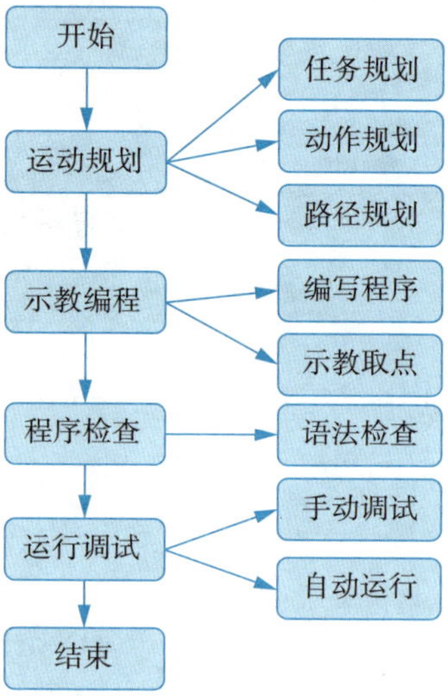

图3-26　工业机器人应用编程的完整工作流程图

一、运动规划

（一）动作规划

在机器人动作规划中，轨迹运行动作可分解为轨迹上方过渡点、轨迹点、轨迹点上方等一系列动作，也可以进一步分解为移动到轨迹模块上方安全位置、移动贴近轨迹模块、落在轨迹上、抬到安全位置等一系列动作。

（二）路径规划

路径规划是对工业机器人所动作的轨迹进行规划，从安全点到过渡点，再从过渡点到达轨迹上方过渡点，从轨迹上方过渡点到达轨迹点上方，最后从轨迹点上方到安全点，这是对工业机器人规划的一个流程。机器人绘制轨迹图形时，可按点P［0］~P［34］拾取点位，按图3-27所示规划轨迹路径。

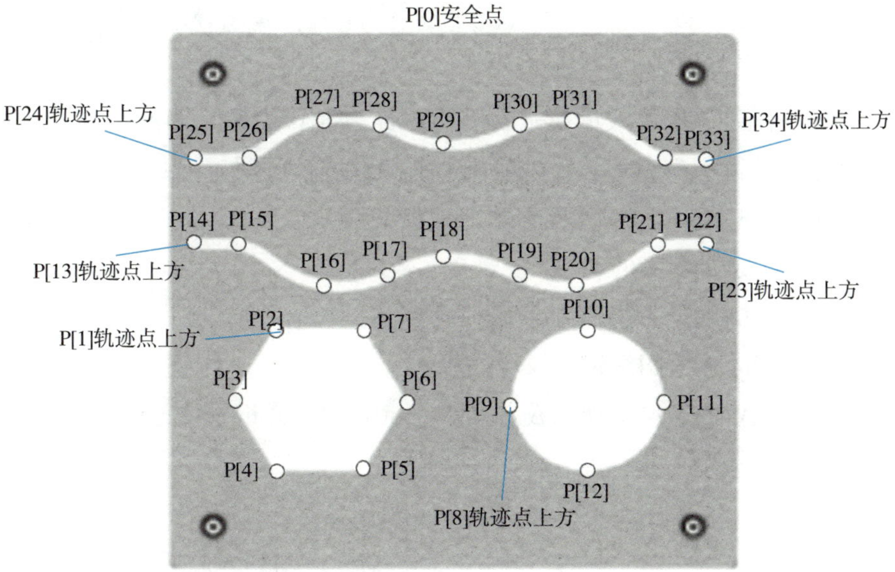

图3-27　路径规划

（三）程序流程规划

根据工业机器人路径的规划及相对应的动作要求，规划轨迹运行程序流程图，如图3-28所示。

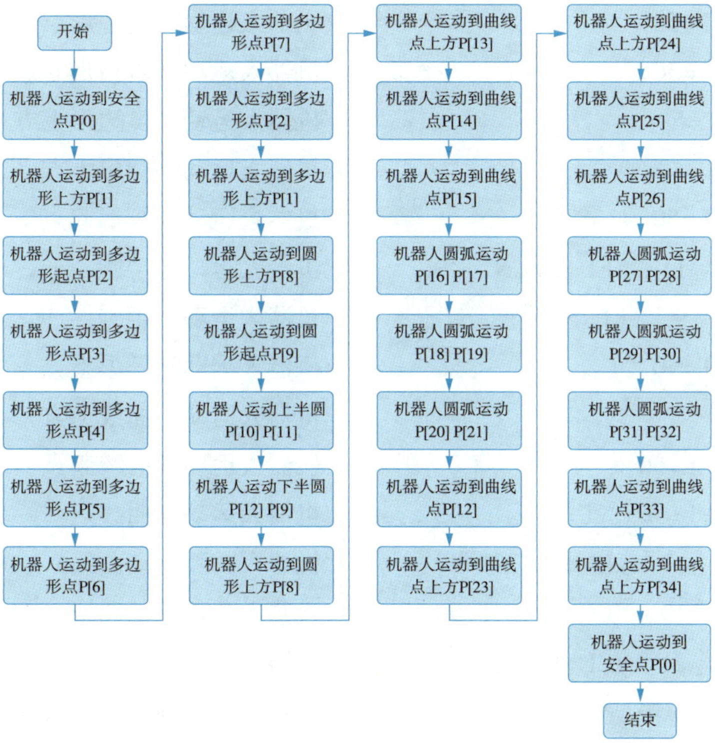

图3-28　轨迹运行程序流程图

二、编制程序

为实现具体的任务，操作人员在完成任务规划、动作规划、路径规划后，确定工作区域，开始对机器人进行示教编程。为了使机器人能够进行再现，就必须用机器人的编程指令将机器人的运动轨迹和动作编成程序（即示教编程），利用工业机器人的手动控制功能完成轨迹动作，并记录机器人的动作。

（1）新建名为“GUIJI”的轨迹运行程序并打开。

（2）严格按照程序流程图编辑并保存程序。

（3）按照路径规划的点位手动示教点P［0］~P［34］并记录位置信息。

参考程序如下。

```
J P［0］                                 '机器人运动到安全点
J P［1］                                 '机器人运动到多边形上方
L P［2］VEL=50                           '机器人运动到多边形起点
L P［3］VEL=50                           '机器人运动到多边形点P［3］
L P［4］VEL=50                           '机器人运动到多边形点P［4］
L P［5］VEL=50                           '机器人运动到多边形点P［5］
L P［6］VEL=50                           '机器人运动到多边形点P［6］
L P［7］VEL=50                           '机器人运动到多边形点P［7］
L P［2］VEL=50                           '机器人运动到多边形起点
J P［1］VEL=50                           '机器人运动到多边形上方
J P［8］VEL=50                           '机器人运动到圆形上方
L P［9］VEL=50                           '机器人运动到圆形起点
C P［10］P［11］VEL=50 CNT=40             '机器人运动上半圆
C P［12］P［9］VEL=50                     '机器人运动下半圆
L P［8］VEL=50                           '机器人运动到圆形上方
J P［13］                                '机器人运动到曲线上方
L P［14］VEL=50                          '机器人运动到曲线起点
L P［15］VEL=50 CNT=30                   '机器人运动到曲线点
C P［16］P［17］VEL=50 CNT=90             '机器人圆弧运动曲线P［16］P［17］
C P［18］P［19］VEL=50 CNT=90             '机器人圆弧运动曲线P［18］P［19］
C P［20］P［21］VEL=50 CNT=90             '机器人圆弧运动曲线P［20］P［21］
L P［22］VEL=50 CNT=30                   '机器人运动到曲线结束点
L P［23］VEL=50                          '机器人运动到曲线上方
```

```
J P［24］                              '机器人运动到曲线上方
L P［25］VEL=50                        '机器人运动到曲线起点
L P［26］VEL=50 CNT=30                 '机器人运动到曲线点
C P［27］P［28］VEL=50 CNT=90          '机器人圆弧运动曲线P［27］P［28］
C P［29］P［30］VEL=50 CNT=90          '机器人圆弧运动曲线P［29］P［30］
C P［31］P［32］VEL=50 CNT=90          '机器人圆弧运动曲线P［31］P［32］
L P［33］VEL=50 CNT=30                 '机器人运动到曲线结束点
L P［34］VEL=50                        '机器人运动到曲线点上方
J P［0］                               '机器人运动到安全点
```

三、程序检查

在程序编写完成后，首次运行程序前应进行检查，以保证程序的正常运行。编写和运行程序时经常会遇到错误，若程序有语法错误，则示教器信息窗口将显示报警、出错程序及出错行号，若程序无错误，则检查完成。

四、运行调试

在程序的编写和运行过程中难免会遇到错误，常见的错误有语法错误、程序控制逻辑错误、位置无法达到、加速度超限运行错误等。为保证程序安全、正常地运行，测试程序尤为重要，具体测试流程如图3-29所示。

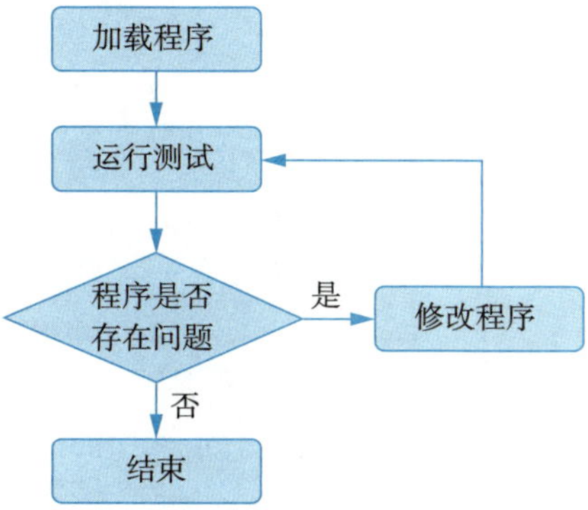

图3-29　测试程序流程图

在手动模式T1下，加载程序“GUIJI”，切换至“单步”方式，以10%速度倍率执行程序，根据运动规划逐行检验程序的可行性。

在自动模式下，以50%速度倍率执行程序，完成轨迹运行绘制的动作流程。

工业机器人轨迹运行

项目报告

<table>
<tr><td>班级</td><td></td><td>姓名</td><td></td><td>学号</td><td></td></tr>
<tr><td>指导教师</td><td colspan="2"></td><td>时间</td><td colspan="2">年　月　日</td></tr>
<tr><td>课程名称</td><td colspan="5"></td></tr>
<tr><td>项目</td><td colspan="5">工业机器人打磨应用编程</td></tr>
<tr><td>学习目标</td><td colspan="5">了解工业机器人打磨应用，掌握工业机器人程序的结构与建立方法，掌握运动指令的运动特点、格式及使用，独立完成轨迹描绘模块的程序编写与调试。
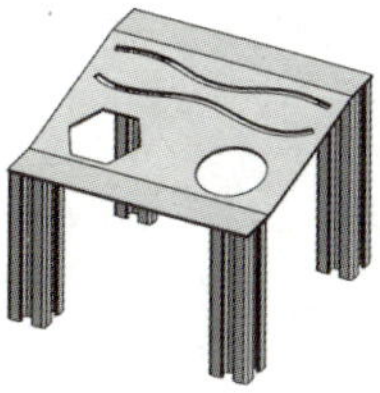</td></tr>
<tr><td>注意事项</td><td colspan="5">1. 在教师的指导下完成实训任务。
2. 在实训过程中不要乱改机器人相关的设置及参数。
3. 在工业机器人运动过程中，禁止触碰工业机器人。
4. 在工业机器人手动操作时尽量降低运行速度。
5. 在运行过程中，注意机器人奇异点位置。
6. 当工业机器人运动异常时，应及时按下急停开关。</td></tr>
<tr><td rowspan="2">学习任务</td><td colspan="5">任务 1：完成轨迹描绘模块中多边形的程序编写及运行操作</td></tr>
<tr><td colspan="5">1. 多边形轨迹的运动规划。

2. 多边形轨迹的示教编程。

3. 多边形轨迹的运行调试。</td></tr>
</table>

<table>
<tr><td rowspan="4">学习任务</td><td>任务 2：完成轨迹描绘模块中圆形的程序编写及运行操作</td></tr>
<tr><td>1. 圆形轨迹的运动规划。

2. 圆形轨迹的示教编程。

3. 圆形轨迹的运行调试。</td></tr>
<tr><td>任务 3：完成轨迹描绘模块中曲线的程序编写及运行操作</td></tr>
<tr><td>1. 曲线轨迹的运动规划。

2. 曲线轨迹的示教编程。

3. 曲线轨迹的运行调试。</td></tr>
</table>

学习心得	

项目评价

工业机器人打磨应用编程				
职业素养（40分）				
序号	内容	自评	互评	师评
1	正确穿戴工作服和安全帽（10分）			
2	安全规范地使用工具、量具（10分）			
3	安全文明地使用示教器（10分）			
4	环境摆放及“8S”现场（10分）			
技能操作（60分）				
1	完成多边形图案的轨迹程序编写及运行操作（20分）			
2	完成圆形图案的轨迹程序编写及运行操作（20分）			
3	完成曲线图案的轨迹程序编写及运行操作（20分）			
综合评价				

项目四

工业机器人喷涂应用编程

项目分析

早在20世纪90年代，汽车生产商就采用机器人给汽车车门、挡风玻璃、车窗玻璃涂胶。机器人涂胶柔性好、胶面均匀，比人工操作误差小，且能提高20%的涂胶速度，节约10%的原料，还能保证胶型控制精度为 ±0.5mm。近年来，机器人喷涂延伸到陶瓷喷釉、塑料喷漆、金属喷粉等领域。图4–1所示为华数机器人在汽车领域的喷涂应用。本项目用绘图工具在绘图模块（见图4–2）上进行两个绘图的绘制方式来模拟工业机器人的多工作台喷涂过程。

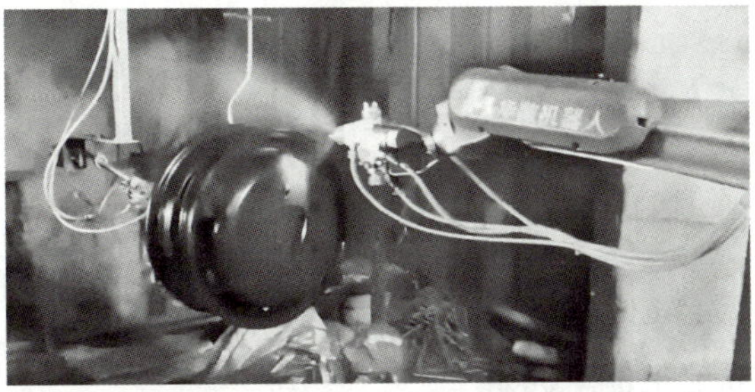

图4–1　喷涂工业机器人

图4–2　绘图模块

工业机器人
喷涂应用案例

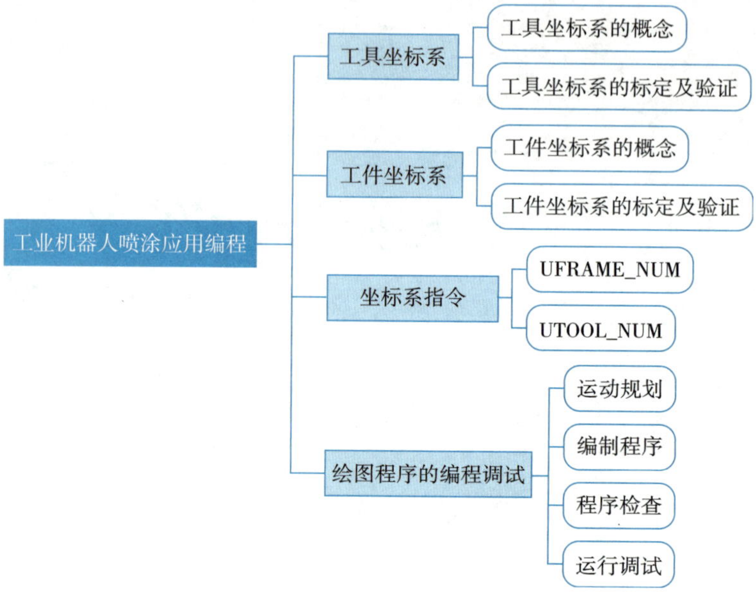

学习目标

知识目标

- 掌握工具坐标系的概念和使用方法。
- 掌握工件坐标系的概念和使用方法。
- 熟练使用工业机器人指令完成程序的编辑及运行。

能力目标

- 学会使用示教器标定工具坐标系。
- 学会使用示教器标定工件坐标系。
- 熟练应用工业机器人指令编辑程序。

素养目标

- 通过学习知识，养成自主学习的习惯。
- 通过项目实施，培养开拓创新的探究精神。
- 通过组内合作，提高团队协作及责任意识。

相关知识

一、工具坐标系

（一）工具坐标系的概念

不同用途的工业机器人一般应安装不同的工具，比如，弧焊工业机器人以弧焊枪作为工具（见图4-3），而用于打磨的工业机器人以打磨工具作为工具（见图4-4），不同工具的区别很大。必须在使用工具前为工业机器人定义好工具坐标系。工具坐标系是机器人运动的基准。机器人的工具坐标系是由工具中心点（Tool Center Point，TCP）与坐标方位组成的，机器人运动前，必须标定TCP，当机器人夹具被更换时需要重新定义TCP，否则会影响机器人的稳定运行。

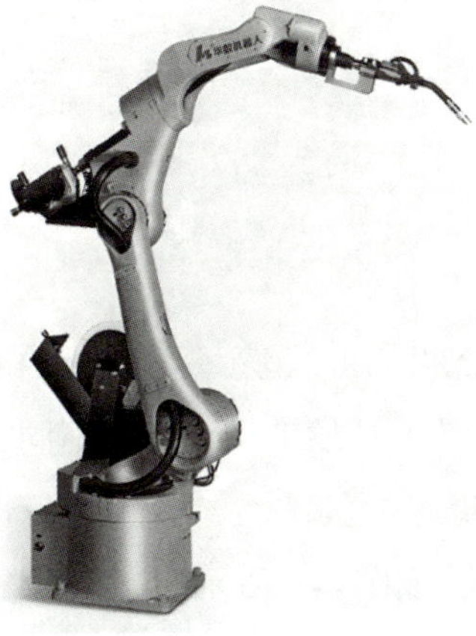

图4-3　弧焊机器人的弧焊枪工具

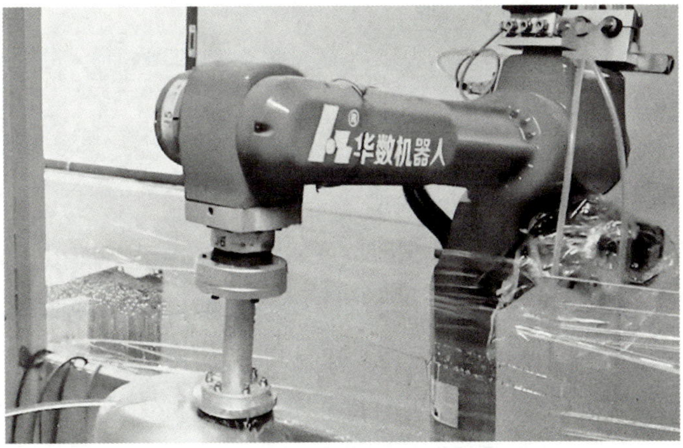

图4-4　打磨机器人的打磨工具

系统自带默认工具（tool）的TCP位于工业机器人法兰盘中心点，TCP、坐标原点与法兰盘中心点重合，*XY*平面绑定在机器人第六轴的法兰盘平面上，垂直方向为*Z*轴，三轴的方向符合右手定则，此时TCP就在法兰盘中心点，图4-5所示为工业机器人原始的TCP。

在没有设定相对偏移量的条件下，使用工具坐标系生成工业机器人轨迹路径时，TCP一定会经过路径上的所有目标点位置。但由于工业机器人的工具形态各异，默认工具并不适用，因此，在实际应用中，需要对所用的TCP进行标定，并以此生成相应的工具坐标系。这个过程可以看作将一个或多个新工具坐标系定义为默认工具的偏移值。新的工具坐标系生成后，工业机器人的端点就从法兰盘中心点移动到工具端点，操作人员在示教时利用控制点不变的操作，可以方便地调整工具姿态，并可使插补运算时的轨迹更精确。

以上介绍的TCP是跟随机器人本体一起运动的，即TCP是固定的（设定的方法有4点法和6点法），还可以将TCP定义为机器人本体以外静止的某个位置，又称为外部TCP。外部TCP常应用在涂胶上。

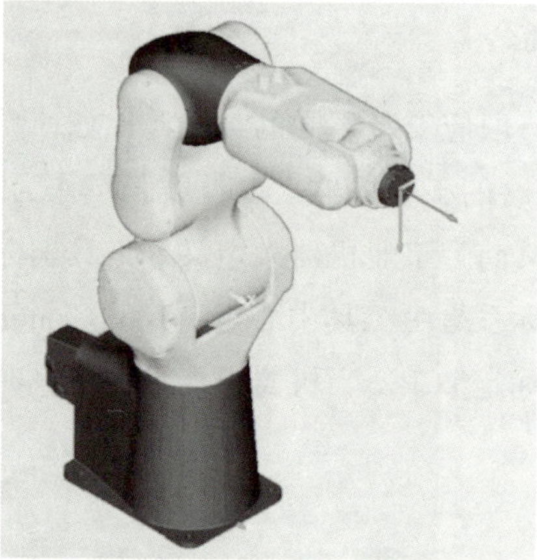

图4-5　工业机器人原始的TCP

（二）工具坐标系的标定及验证

1. 工具坐标系的标定

工具坐标系的标定有4点法和6点法，下面以4点法为例介绍标定方法。要测量的工具已安装在机器人末端，将机器人切换到手动模式T1。将待测量工具的TCP从4个不同方向移向一个参照点，参照点可以任意选择。机器人控制系统根据不同的法兰位置值计算出TCP。运动到参照点所用的4个法兰位置必须分散开足够的距离，如图4-6所示。

工具坐标系的标定步骤如下。

步骤1：手动安装工具。

步骤2：在图4-7所示“主菜单”中选择“投入运行”→“测量”→“用户工具标定”。

步骤3：在“用户工具标定”界面为待测量的工具选择“用户工具号”及“标定方法”，输入“用户工具名”，如图4-8所示。单击“开始标定”，进行标定。

步骤4：用TCP移至任意一个参照点，单击“获取坐标”，如图4-9所示。

步骤5：用TCP从其他方向朝参照点移动，单击“获取坐标”，如图4-10所示。

步骤6：将步骤4重复两次。

步骤7：单击“标定”，确定程序计算出标定坐标。

步骤8：单击“保存”，如图4-11所示，保存数据，关闭窗口。

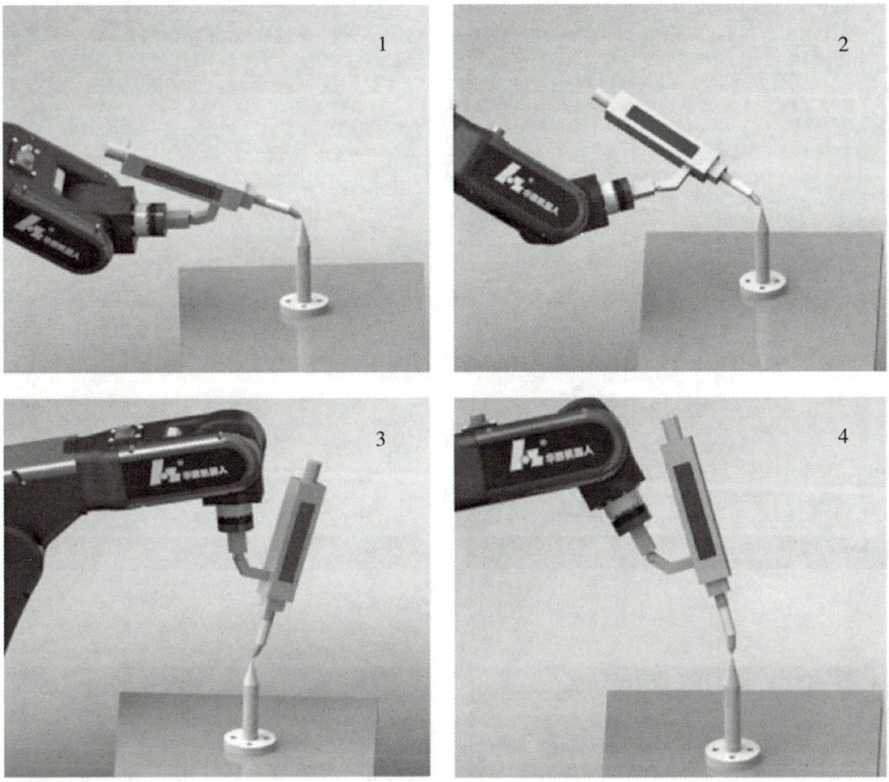

图4–6　工具坐标4点法标定示意图

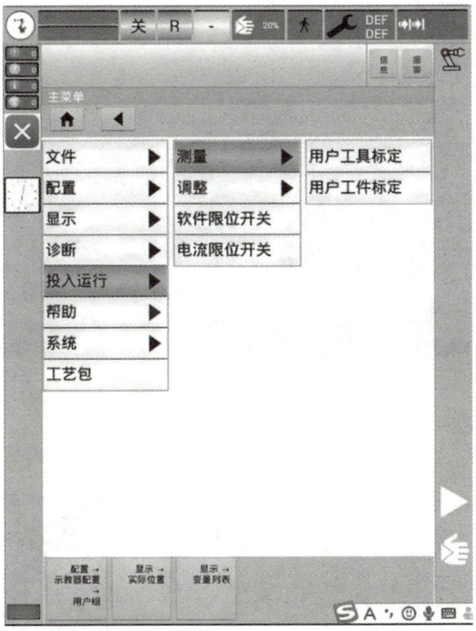

图4–7　工具坐标系的标定“主菜单”

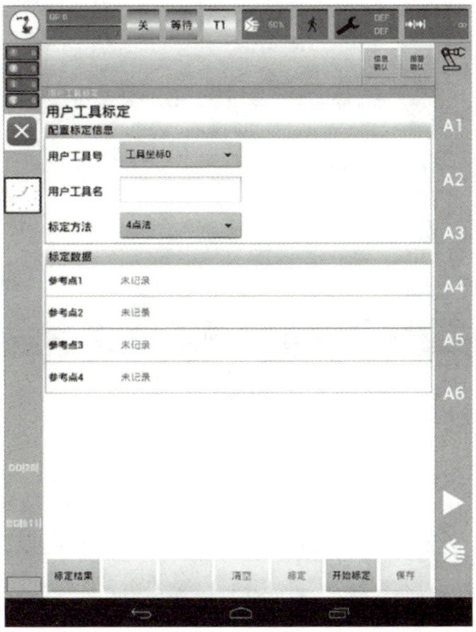

图4–8　“用户工具标定”界面

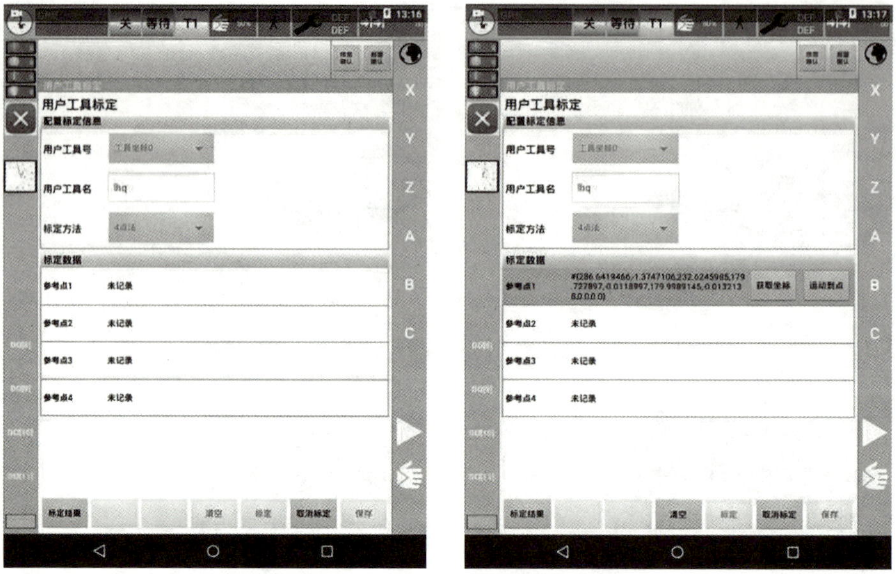

图4–9　记录第一个点位

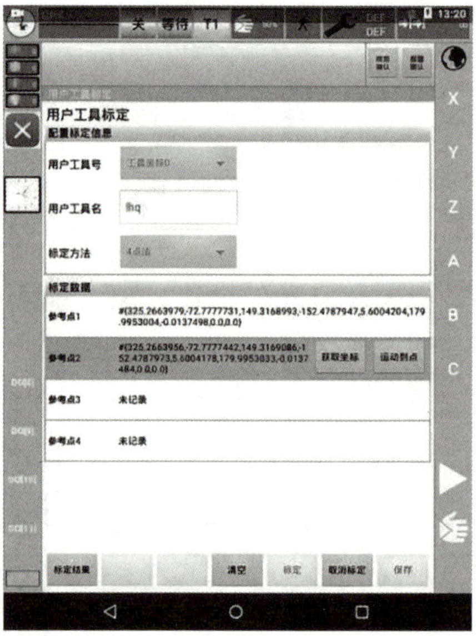

图4–10　记录第二个点位

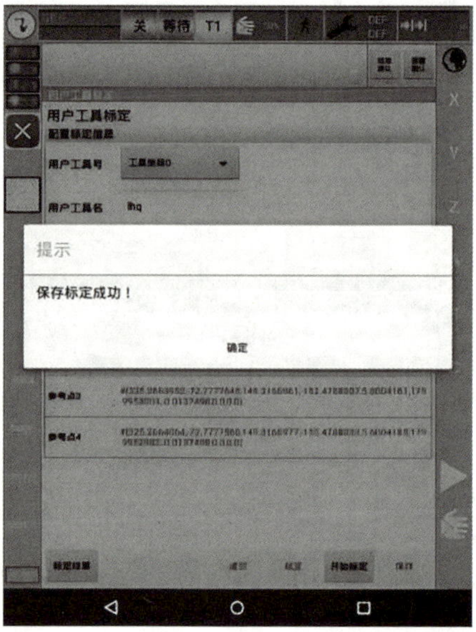

图4–11　保存标定

工具坐标6点法标定与4点法标定类似，6点法可以将工具坐标系的姿态给标定出来。6点法标定的前4个参考点用于标定位置，第5个点和第6个点分别用来记录工具*Z*轴上的点和*ZX*平面上的点，如图4–12所示。

工具坐标4点法标定

姿态标定操作：一般情况下，用户想要标定的工具坐标系*Z*轴的方向为机械臂法兰盘中心点与夹具的中心点的连线方向（以下称为夹具轴线方向），这样在使用工具坐标时，Z方向的运动便是沿夹具轴线方向的移动，因此在标定第5个点时，要确保看不见的夹具轴线（在图4-12中为虚线）与向量P5P4共线。在实际标定中可添加参照物来确定看不见的夹具轴线的方向，也可以通过恰当地选取第4个点的姿态来确定轴线方向，比如在标定第4个点时，使夹具轴线与基坐标系的Z'轴重合，在标定第5个点时，只需要选取基坐标系Z'轴上的点（即示教点位时，只需单击“Z轴”）。

在标定第6个点时，须选取ZX平面上的点，系统通过向量积P5P4 × P5P6算出工具坐标系的Y轴，最后算出X轴。

注　意

工具坐标系标定时，必须选择默认的工具坐标系。

6点法标定中，标定第5、6个点时，机械臂的姿态须与第4个点时一致，即姿态保持不变。

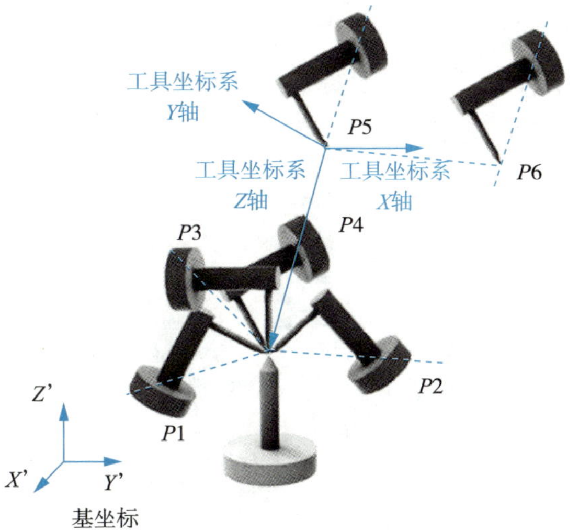

图4-12　工具坐标6点法标定示意图

2. 工具坐标系的验证

在手动操作界面，单击“坐标系选择”，将工业机器人坐标系切换为工具坐标系，状态栏的工具坐标号选择新建的工具坐标号。操作点动运行按钮，改变机器人姿态，查看工具末端点位置是否改变，如果不变，则标定工具坐标系成功。

二、工件坐标系

（一）工件坐标系的概念

工件坐标对应工件，它定义了工件相对于世界坐标或其他坐标的位置。机器人可以拥有若干工件坐标系，或者表示不同工件，或者表示同一工件在不同位置的若干副本。工业机器人编程就是在工件坐标中创建目标和路径。创建工件坐标系的作用主要有以下两个。

（1）重新定位工作站中的工件时，只需要更改工件坐标的位置，所有路径将随之更新。

（2）允许沿操作以外的轴或传送导轨移动工件，因为整个工件可连同其路径一起移动。

如图4–13所示，现有一台机器人在三个夹具台上工作，并且机器人在三个夹具台上的运动轨迹一样，为了方便编程，给夹具台1建立了一个工件坐标系*A*，并在工件坐标系*A*中进行轨迹编程。

在夹具台2上建立工件坐标系*B*，将工件坐标系*A*中的程序复制一份，然后将工件坐标系从*A*更新为*B*，不需要再次进行轨迹编程，就可以在夹具台2上完成轨迹动作，同理，在夹具台3上建立工件坐标系*C*，将工件坐标系*A*中的程序复制一份，然后将工件坐标系从*A*更新为*C*，不需要再次进行轨迹编程，就可以在夹具台3上完成轨迹动作。

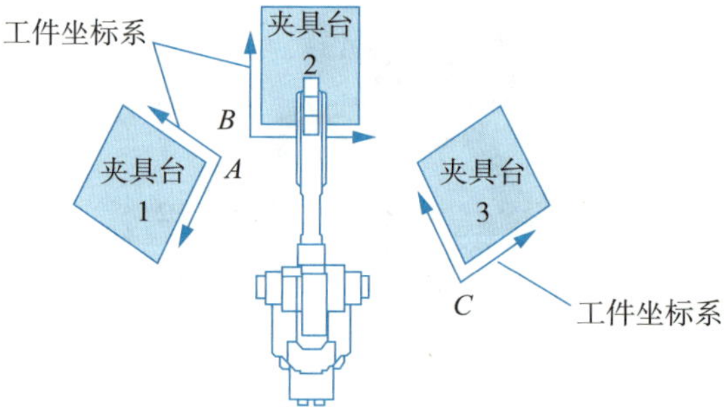

图4–13　工件坐标系应用

（二）工件坐标系的标定及验证

1. 工件坐标系的标定

标定工件坐标系时，将第一个工业机器人到达的标定点标定为坐标原点，将工业机器人的工具中心点沿工件坐标系的+*X*方向移动一段距离，作为*X*方向的延伸点，再从工件坐标系*XOY*平面选取任意点作为*Y*方向的延伸点，保证*OX*与*OY*的方向是相互垂直的，通过这3个点标定计算出的工件坐标系如图4–14所示，在对象的平面上，只需要定义3个点，就可以建立一个工件坐标系。工业机器人的坐标系符合右手定则，即食指所指的方向为+*X*方向时，中指指向+*Y*方向，拇指指向+*Z*方向，如图4–15所示。在标定过程中的方向确定如下。

（1）*O*点确定工件坐标系的原点。

（2）*X*1点确定工件坐标系*X*正方向。

（3）*Y*1点确定工件坐标系*Y*正方向。

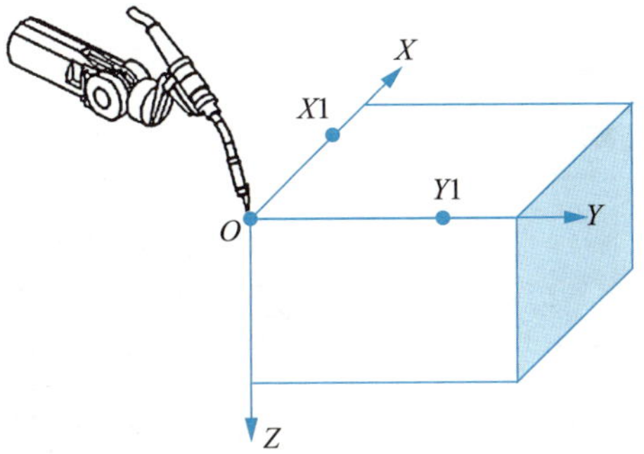

图4–14　工件坐标系建立

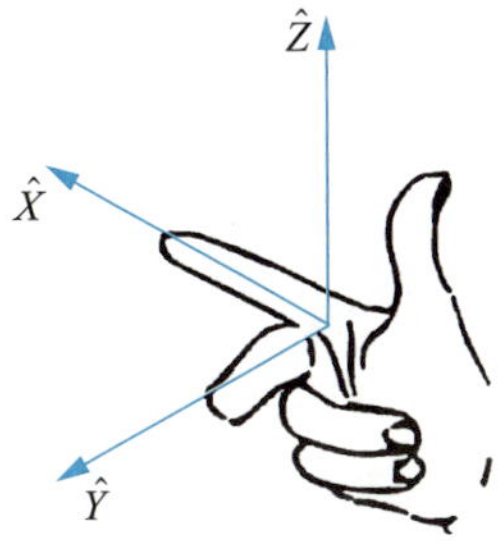

图4–15　笛卡尔坐标系符合右手定则

工件坐标系的标定步骤如下。

步骤1：在“主菜单”中选择“投入运行”→“测量”→“用户工件标定”。

步骤2：“用户工件标定”界面如图4–16所示，选择需要标定的“用户工件号”，可设置“用户工件名”。

步骤3：单击“开始标定”，进入工件坐标系标定对话框。

步骤4：将工业机器人的工具中心点移动到工件坐标系原点，单击“原点”获取坐标，记录原点坐标，示教保存机器人当前的点位信息。

步骤5：将工业机器人的工具中心点移动到标定工件坐标系的*X*方向的某点，单击“X方向”，获取坐标并记录该坐标。

步骤6：将工业机器人的工具中心点移动到标定工件坐标系的*Y*方向的某点，单击“Y方向”，获取坐标并记录该坐标。

步骤7：在界面的下方，单击“标定”，程序计算出标定的坐标值。

步骤8：单击“保存”，把标定的值进行保存。

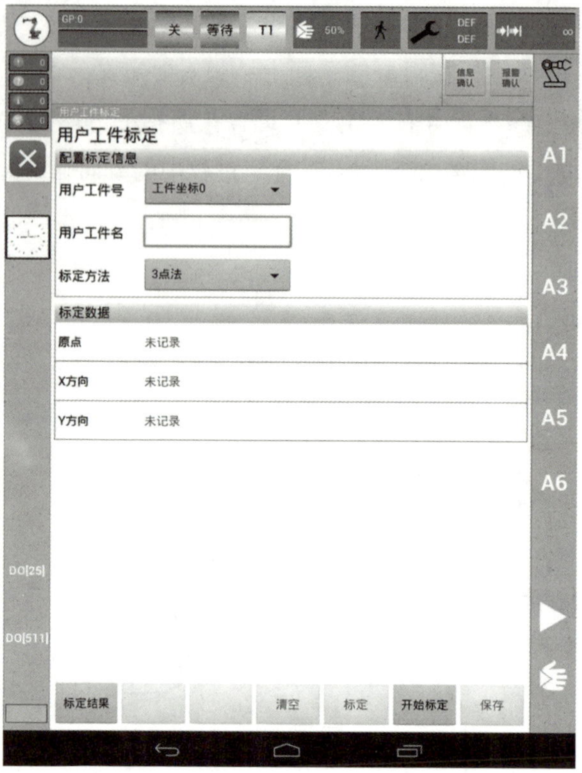

图4-16 “用户工件标定”界面

工件坐标3点法标定

2. 工件坐标系的验证

在手动操作界面，单击“坐标系选择”，将工业机器人坐标系切换为工件坐标系，状态栏的工件坐标号选择新建的工件坐标号。操作点动运行按钮，改变工业机器人X轴、Y轴、Z轴的值，查看工业机器人在新建的工件坐标号的运动轨迹是否与设定方向保持一致，如果一致，则标定工件坐标系成功。

注　意

标定工件坐标系时，必须选择默认的工件坐标系。

三、坐标系指令

（一）坐标系指令说明

坐标系指令用于程序调用工具、工件号（注：程序中记录点位，若使用了工具、工件，需把工具、工件坐标系添加至程序中）。坐标系指令分为基坐标系UFRAME和工具坐标系UTOOL，在程序中可以选择定义的坐标系编号，在程序中切换坐标系，工具、工件号为0~15，默认坐标系编号为-1。

（二）坐标系指令语法

UFRAME_NUM=i

UTOOL_NUM=i

其中，i的范围是-1到15，可以取常数（constant），也可以取寄存器（R）。

（三）坐标系指令示例

```
UFRAME_NUM=0
UTOOL_NUM=0
L P [1]VEL=50
L P [2]VEL=50
UFRAME_NUM = -1                 '后面点位不调用工具、工件
UTOOL_NUM=-1
J P [3] VEL=50
J P [4] VEL=50
```

（四）坐标系指令参数（可选）

在上述表述中，点P［1］和P［2］调用工具、工件号0，点P［3］、P［4］则不调用工具、工件，需要将值设为-1，坐标系指令是往下起作用的。

（五）坐标系指令操作步骤

步骤1：选中需要添加坐标系指令行的上一行。

步骤2：选择“指令”→“赋值指令”。

步骤3：对于第一个输入框，在“全局变量”下拉框中选择坐标系类型，如图4-17所示。

步骤4：在第二个输入框中输入数值，或者在“寄存器”下拉框中选择R［ ］，然后输入数值。

步骤5：单击操作栏中的“确定”，完成坐标系指令的编辑。

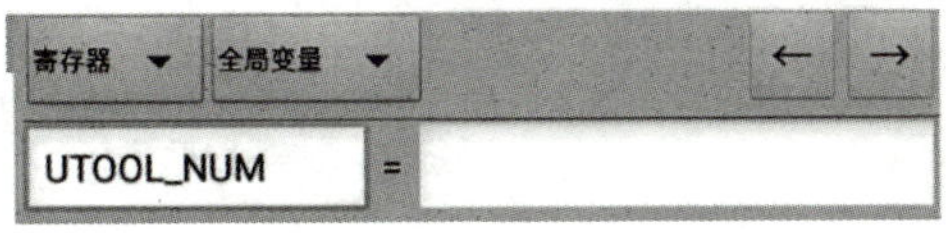

图4-17　编辑坐标系指令

工具、工件坐标系指令

项目实施

若要完成绘图的应用编程，需经过4个环节，包括运动规划、示教编程、程序检查及运行调试。

一、运动规划

（一）流程规划

机器人使用绘图工具进行绘图前，利用绘图工具中的笔尖采用4点法或6点法标定一个工具坐标系，命名为工具坐标系1。机器人在绘图模块上绘制两个一样的图形，可基于绘图模块平面建立2个工件坐标系，也可基于绘图纸建立2个工件坐标系，建立好的工件坐标系命名为工件坐标系1、工件坐标系2，工件坐标系各轴方向如图4–18所示。机器人绘制文字时，先在绘图纸上合适的位置确立一个起点，操作人员通过对绘制路径的规划，选择合适的路径来进行程序的编制。

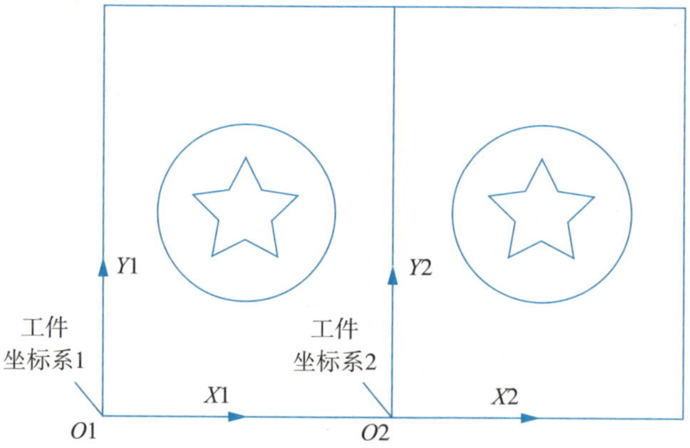

图4–18　工件坐标系各轴方向

（二）路径规划

根据机器人需要完成的绘制动作，对机器人进行路径规划。机器人绘制图形前，可按照图4–19进行路径规划。

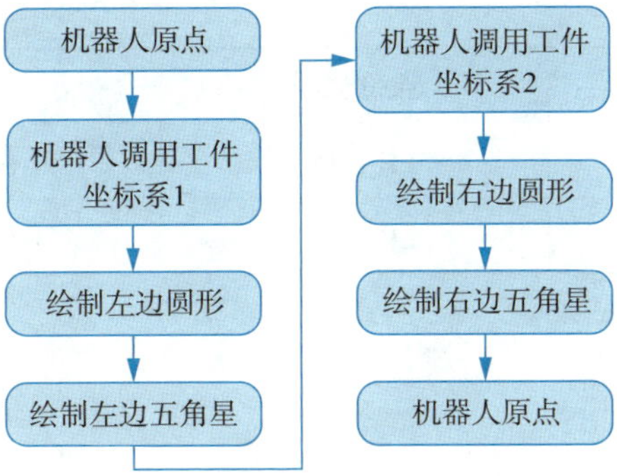

图4–19 机器人绘图的路径规划

（三）点位示教

根据绘制的要求及机器人路径规划图，完成绘制必须点位的示教。必须进行示教的点位如表4–1所示。

表4–1 必须进行示教的点位

序号	示教点位	点位代号	说明
1	过渡点	JR［1］	世界坐标系
2	绘图起点上方	LR［1］	工件坐标系1，工具坐标系1
3	绘图起点	LR［2］	工件坐标系1，工具坐标系1
4	上半圆上一点	LR［3］	工件坐标系1，工具坐标系1
5	上半圆终点	LR［4］	工件坐标系1，工具坐标系1
6	下半圆上一点	LR［5］	工件坐标系1，工具坐标系1
7	五角星起点上方	LR［6］	工件坐标系1，工具坐标系1
8	五角星的顶点1	LR［7］	工件坐标系1，工具坐标系1
9	五角星边的一点1	LR［8］	工件坐标系1，工具坐标系1
10	五角星的顶点2	LR［9］	工件坐标系1，工具坐标系1
11	五角星边的一点2	LR［10］	工件坐标系1，工具坐标系1
12	五角星的顶点3	LR［11］	工件坐标系1，工具坐标系1
13	五角星边的一点3	LR［12］	工件坐标系1，工具坐标系1
14	五角星的顶点4	LR［13］	工件坐标系1，工具坐标系1
15	五角星边的一点4	LR［14］	工件坐标系1，工具坐标系1

续表

序号	示教点位	点位代号	说明
16	五角星的顶点5	LR［15］	工件坐标系1，工具坐标系1
17	五角星边的一点5	LR［16］	工件坐标系1，工具坐标系1

二、编制程序

（一）程序结构分析

在本项目中，机器人绘图需要进行坐标系切换，进行了机器人绘制圆形，以及机器人绘制五角星，可以将程序结构设计为用一个程序来实现多个图形的绘制。

（二）设计整体运行流程图

根据机器人绘图程序分析，设计机器人绘图整体运行流程图，如图4-20所示。

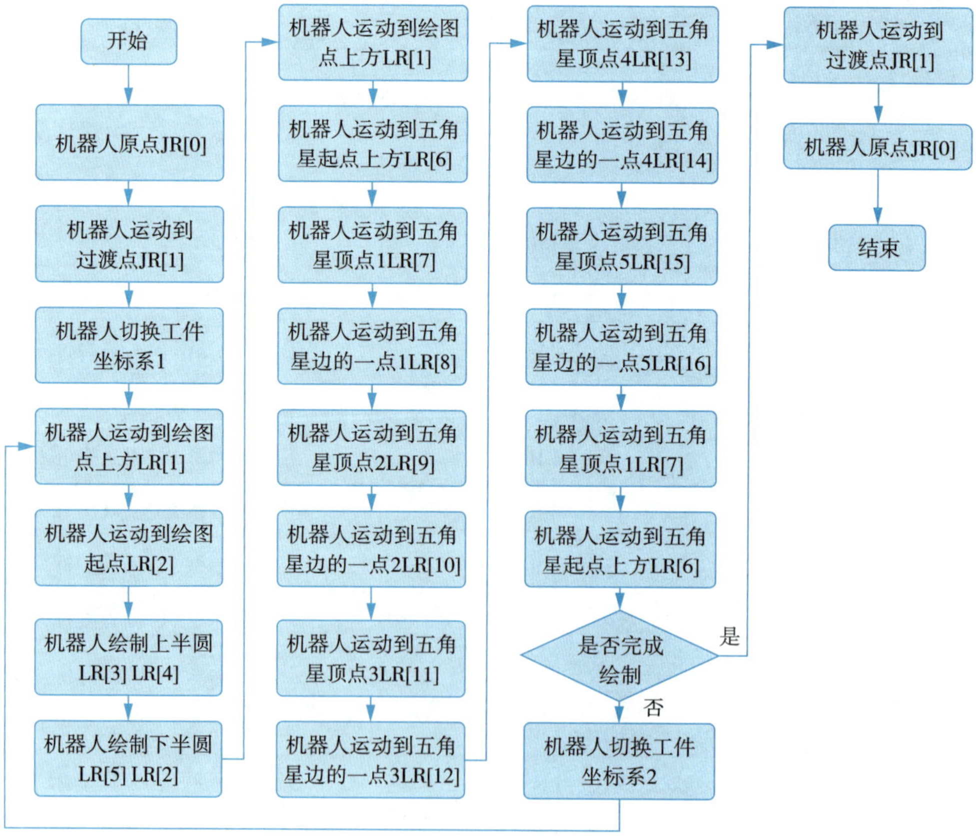

图4-20　机器人绘图整体运行流程图

（三）编写示教程序

（1）设置机器人运动参数。

（2）新建名为“HUITU”的主程序。

（3）严格按照运行流程图编辑并保存程序。

参考程序如下。

```
J JR［0］                          '机器人运动到原点
J JR［1］                          '机器人运动到过渡点
UTOOL_NUM=1                        '调用工具坐标系1
UFRAME_NUM=1                       '调用工件坐标系1
L LR［1］                          '机器人运动到绘图点上方
L LR［2］VEL=50                    '机器人运动到绘图点起点
C P［3］P［4］VEL=50 CNT=40        '机器人运动上半圆
C P［5］P［2］VEL=50               '机器人运动下半圆
L LR［1］                          '机器人运动到绘图点上方
L LR［6］                          '机器人运动到五角星起点上方
L LR［7］VEL=50                    '机器人运动到五角星顶点1
L LR［8］VEL=50                    '机器人运动到五角星边的一点1
L LR［9］VEL=50                    '机器人运动到五角星顶点2
L LR［10］VEL=50                   '机器人运动到五角星边的一点2
L LR［11］VEL=50                   '机器人运动到五角星顶点3
L LR［12］VEL=50                   '机器人运动到五角星边的一点3
L LR［13］VEL=50                   '机器人运动到五角星顶点4
L LR［14］VEL=50                   '机器人运动到五角星边的一点4
L LR［15］VEL=50                   '机器人运动到五角星顶点5
L LR［16］VEL=50                   '机器人运动到五角星边的一点5
L LR［7］VEL=50                    '机器人运动到五角星顶点1
L LR［6］VEL=50                    '机器人运动到五角星起点上方
UFRAME_NUM=2                       '调用工件坐标系2
L LR［1］                          '机器人运动到绘图点上方
L LR［2］VEL=50                    '机器人运动到绘图点起点
C P［3］P［4］VEL=50 CNT=40        '机器人运动上半圆
C P［5］P［2］VEL=50               '机器人运动下半圆
```

```
L LR [1]                    '机器人运动到绘图点上方
L LR [6]                    '机器人运动到五角星起点上方
L LR [7] VEL=50             '机器人运动到五角星顶点1
L LR [8] VEL=50             '机器人运动到五角星边的一点1
L LR [9] VEL=50             '机器人运动到五角星顶点2
L LR [10] VEL=50            '机器人运动到五角星边的一点2
L LR [11] VEL=50            '机器人运动到五角星顶点3
L LR [12] VEL=50            '机器人运动到五角星边的一点3
L LR [13] VEL=50            '机器人运动到五角星顶点4
L LR [14] VEL=50            '机器人运动到五角星边的一点4
L LR [15] VEL=50            '机器人运动到五角星顶点5
L LR [16] VEL=50            '机器人运动到五角星边的一点5
L LR [7] VEL=50             '机器人运动到五角星顶点1
L LR [6] VEL=50             '机器人运动到五角星起点上方
J JR [1]                    '机器人运动到过渡点
J JR [0]                    '机器人运动到原点
```

三、程序检查

在程序编写完成后，首次运行程序前应进行检查，以保证程序的正常运行。编写和运行程序时经常会遇到错误，若程序有语法错误，则示教器信息窗口将显示报警、出错程序及出错行号，若程序无错误，则检查完成。

四、运行调试

在手动模式T1下，加载程序“HUITU”，切换至单步方式，以10%速度倍率执行程序，根据运动规划逐行检验程序的可行性。

在自动模式下，以50%速度倍率执行程序，完成绘图的动作流程。

工业机器人绘图运行

项目报告

<table>
<tr><td>班级</td><td></td><td>姓名</td><td></td><td>学号</td><td colspan="2"></td></tr>
<tr><td>指导教师</td><td colspan="2"></td><td colspan="2">时间</td><td colspan="2">年　月　日</td></tr>
<tr><td>课程名称</td><td colspan="6"></td></tr>
<tr><td>项目</td><td colspan="6">工业机器人喷涂应用编程</td></tr>
<tr><td>学习目标</td><td colspan="6">了解工业机器人喷涂应用，掌握工业机器人工具坐标系、工件坐标系的标定方法，掌握坐标系指令的使用，完成绘图程序的编写与调试。
</td></tr>
<tr><td>注意事项</td><td colspan="6">1. 在教师的指导下完成实训任务。
2. 在实训过程中不要乱改机器人相关的设置及参数。
3. 在工业机器人运动过程中，禁止触碰工业机器人。
4. 在工业机器人手动操作时尽量降低运行速度。
5. 在运行过程中，注意机器人奇异点位置。
6. 当工业机器人运动异常时，应及时按下急停开关。</td></tr>
<tr><td rowspan="2">学习任务</td><td colspan="6">任务 1：工具坐标系的标定及验证</td></tr>
<tr><td colspan="6">1. 选择合适的方式标定工具坐标系。

2. 完成工具坐标系的验证。</td></tr>
</table>

<table>
<tr><td rowspan="4">学习任务</td><td>任务 2：工件坐标系的标定及验证</td></tr>
<tr><td>1. 选择合适的方式标定工件坐标系。

2. 完成工件坐标系的验证。</td></tr>
<tr><td>任务 3：绘图程序的编写及运行操作</td></tr>
<tr><td>1. 绘制图形的运动规划。

2. 绘制图形的示教编程。

3. 绘制图形的运行调试。</td></tr>
</table>

学习心得	

项目评价

工业机器人喷涂应用编程				
职业素养（40分）				
序号	内容	自评	互评	师评
1	正确穿戴工作服和安全帽（10分）			
2	安全规范地使用工具、量具（10分）			
3	安全文明地使用示教器（10分）			
4	环境摆放及“8S”现场（10分）			
技能操作（60分）				
1	工具坐标系的标定及验证（20分）			
2	工件坐标系的标定及验证（20分）			
3	绘图程序的编写及运行操作（20分）			
综合评价				

项目五

工业机器人装配应用编程

项目分析

工业机器人装配主要用于各种电器制造，包括家用电器（如电视机、录音机、洗衣机、电冰箱、吸尘器等）、电机、汽车及其部件、计算机、玩具、机电产品及其组件的装配等，图5–1所示为华数机器人在装配生产家用电器。本项目通过电机部件的装配模拟工业机器人装配的工作过程，如图5–2、图5–3所示。

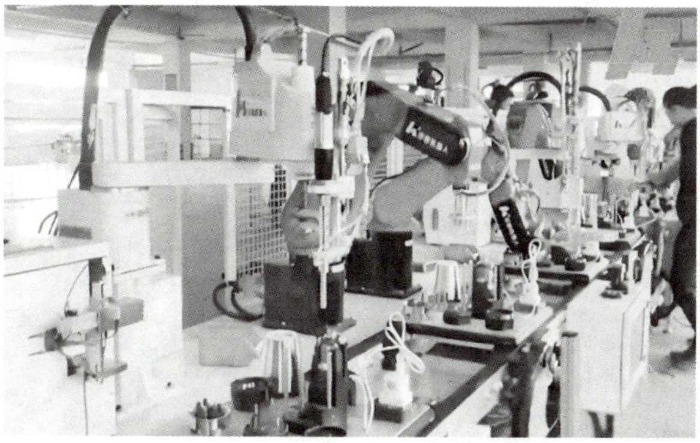

图5–1　工业机器人装配生产

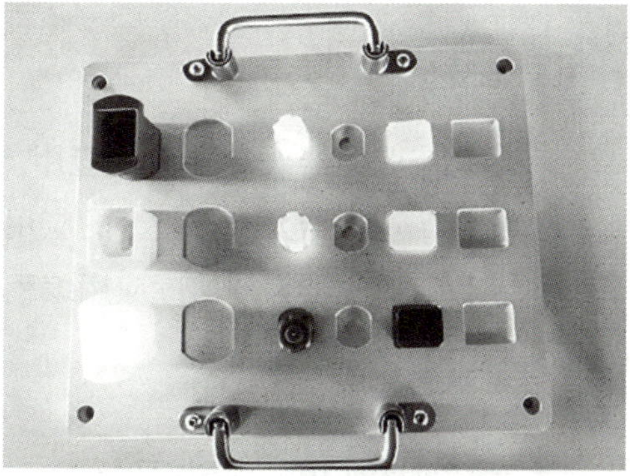

图5–2　电机装配模块

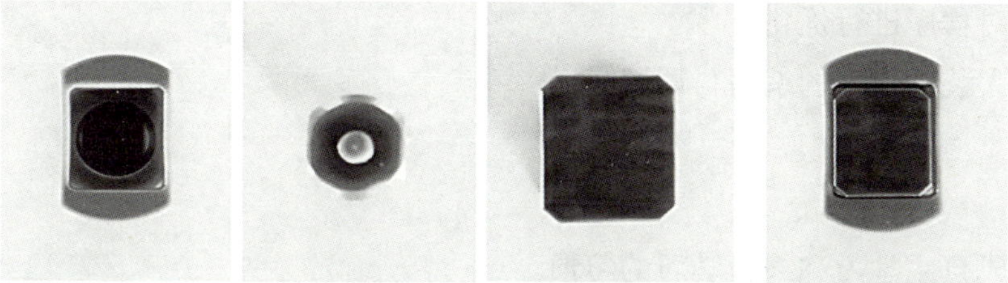

（1）电机外壳　（2）电机转子　（3）电机端盖　（4）电机成品

图5–3　电机装配零件

工业机器人装配应用案例

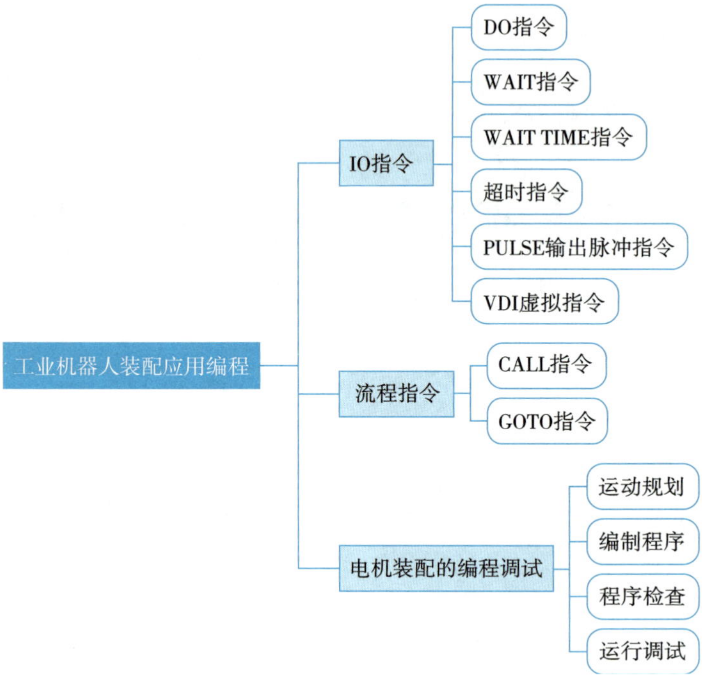

学习目标

知识目标

- 掌握工业机器人IO指令的应用。
- 掌握工业机器人流程指令的应用。
- 掌握工业机器人的实际应用编程方法。

能力目标

- 能够熟练使用基础编程指令。
- 能够使用IO指令等完成指定的任务。
- 能够使用流程指令对程序进行优化。
- 能够完成工业机器人装配程序的编写与调试。

素养目标

- 通过学习知识，养成自主学习和终身学习的习惯。
- 通过项目实施，提高分析问题和解决问题的能力，培养精益求精的工匠精神。

- 通过组内合作，提高团队协作及有效沟通能力。

相关知识

一、IO指令

在工业机器人的程序控制中，工业机器人需要与外部设备之间进行信息的交互，在编程语句的使用中有输入输出指令，即IO指令。IO指令包括DO操作指令、WAIT条件等待指令、WAIT TIME睡眠指令、超时指令、PULSE输出脉冲指令、VDI虚拟指令。

（一）DO指令

1. DO指令说明

DO指令可用于给当前IO赋值为ON或者OFF，也可用于IO之间的映射。

2. DO指令语法

DO [i] =ON/OFF/DI [i] /DO [i]

其中，i表示的是IO序号。

3. DO指令示例

DO [1] =ON	'输出 [1] 设置为ON
DO [1] =OFF	'输出 [1] 设置为OFF
DO [1] =DO [2]	'输出 [2] 赋值为输出 [1]
DO [1] =DI [2]	'输入 [1] 赋值给输出 [1]

4. DO指令操作步骤

步骤1：选择需要添加DO指令行的上一行的位置。

步骤2：选择“指令”→“IO指令”→“DO”，进入DO指令编辑界面，如图5-4所示。

图5-4 DO指令编辑界面

步骤3：在第一个输入框中输入IO序号。

步骤4：在第四个选择框选择相应的选项：ON/OFF或者IO，如果选择IO，则需要在对应的输入框中输入相应IO的序号。

步骤5：单击操作栏中的“确定”，完成添加IO指令。

（二）WAIT指令

1. WAIT指令说明

WAIT指令用来等待某一输入、输出状态或判断R的值是否等于设置的值，若条件不满足，则程序会一直阻塞在此行，直到条件满足才往下执行。

2. WAIT指令语法

WAIT [condition]

3. WAIT指令示例

WAIT DI [1] =ON

J P [1] VEL=50

J P [2] VEL=50

GOTO LBEL [1]

在以上表述中，当DI [1] 不等于ON时，程序会一直阻塞在WAIT DI [1] =ON，只有当DI [1] 等于ON时，程序才会继续往下执行。

4. 可使用WAIT指令的条件

WAIT DI [ ] =DI [ ]	WAIT DO [ ] =DO [ ]	WAIT R [ ] =DI [ ]
WAIT DI [ ] <>DI [ ]	WAIT DO [ ] <>DO [ ]	WAIT R [ ] <>DI [ ]
WAIT DI [ ] =DO [ ]	WAIT DO [ ] =DI [ ]	WAIT R [ ] =R [ ]
WAIT DI [ ] <>DO [ ]	WAIT DI [ ] <>DI [ ]	WAIT R [ ] >R [ ]
WATI DI [ ] =1	WATI DO [ ] =1	WATI R [ ] >=R [ ]
WAIT DI [ ] =ON	WAIT DO [ ] =ON	WAIT R [ ] <R [ ]
WAIT DI [ ] <>ON	WAIT DO [ ] <>ON	WAIT R [ ] <=R [ ]
WAIT DI [ ] =OFF	WAIT DO [ ] =OFF	WAIT R [ ] <>R [ ]
WAIT DI [ ] <>OFF	WAIT DO [ ] <>OFF	WAIT R [ ] =值
WAIT DI [ ] =1	WAIT DO [ ] =1	WAIT R [ ] >值
WAIT DI [ ] <>1	WAIT DO [ ] <>1	WAIT R [ ] >=值
WAIT DI [ ] =R [ ]	WAIT DO [ ] =R [ ]	WAIT R [ ] <值
WIAT DI [ ] <>R [ ]	WIAT DO [ ] <>R [ ]	WIAT R [ ] <=值
WAIT R [ ] <>值		

5. WAIT指令操作步骤

步骤1：选择需要添加WAIT指令行的上一行的位置。

步骤2：选择“指令”→“IO指令”→“WAIT”，进入WAIT指令编辑界面，如图5-5所示。

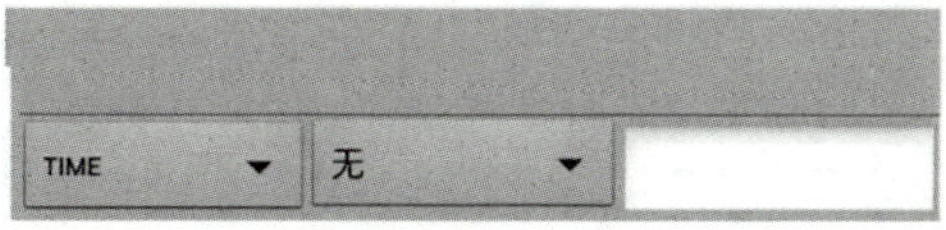

图5–5　WAIT指令编辑界面

步骤3：在选择框中选择“条件”，弹出WAIT条件编辑界面，如图5–6所示。

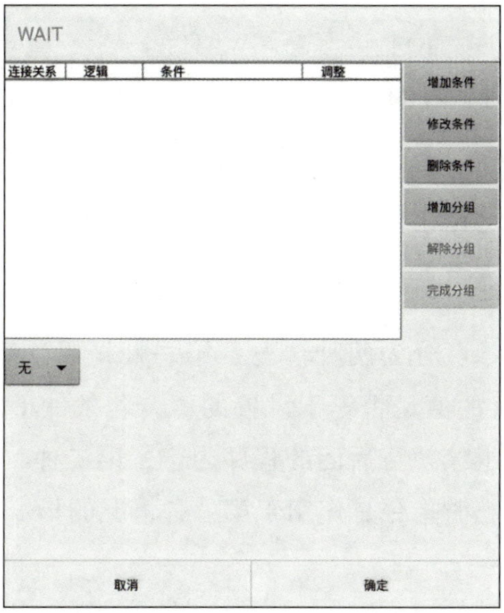

图5–6　WAIT条件编辑界面

步骤4：单击“增加条件”，进入增加条件编辑界面，通过选择寄存器或IO来增加对应条件。

步骤5：增加条件添加完成后单击“确定”，返回WAIT条件编辑界面。

步骤6：在WAIT条件编辑界面可以再次增加、修改、删除条件等，完成后单击“确定”，返回WAIT指令编辑界面。

步骤7：单击操作栏中的“确定”，完成添加WAIT指令。

（三）WAIT TIME指令

1. WAIT TIME指令说明

WAIT TIME指令的作用是延时程序（任务）的执行，最短延时时间为1，单位是ms。

2. WAIT TIME指令语法

WAIT TIME <time>

3. WAIT TIME指令示例

J P［1］

```
WAIT TIME 1000            '运动到P1后，睡眠等待1s后，DI［1］才输出信号
DI［1］=ON
J P［2］
J P［3］
```

4. WAIT TIME指令操作步骤

步骤1：选择需要添加WAIT TIME指令行的上一行的位置。

步骤2：选择“指令”→“IO指令”→“WAIT”。

步骤3：在选择框中选择“TIME”（单位是ms），输入相应的值。

步骤4：单击操作栏中的“确定”，完成添加WAIT TIME指令。

（四）超时指令

1. 超时指令说明

WAIT指令的使用场景可分为两种情况：第一种，用于等待某一输入状态（DI）、输出状态（DO）或判断R的值是否等于设置的值，若条件不满足，则程序会一直阻塞在此行，直到条件满足才继续执行后面的程序内容；第二种，强制等待一定时间后再继续执行后面的程序内容。超时指令是作用于第一种情况的指令，配合超时设置使用。

2. 超时指令语法

WAIT DI［i］/DO［i］/R［ ］=值/DI［i］/DO［i］/ON/OFF TIMEOUT LBL

其中，i表示的是IO序号。

3. 超时指令示例

```
J P［1］VEL=100
J JR［1］VEL=50
WAIT DO［40］=ON TIMEOUT LBL 2        'WAIT超时指令
J P［0］VEL=50
LBL［2］
J P［2］VEL=50
```

在上述执行流程中，机器人执行关节运动到JR［1］，如果此时在超时时间内DO［40］=ON，则直接按顺序执行指令，依次关节运动到点P［1］、P［2］；若此时DO［40］=OFF，则程序堵塞在该行，经过设置的超时时间后，指针会跳转到LBL［2］，从该行开始继续往下执行，关节运动到点P［2］。

4. 超时指令操作步骤

步骤1：选择需要添加超时指令行的上一行的位置。

步骤2：选择“指令”→“IO指令”→“WAIT”。

步骤3：在选择框中选择“条件”，弹出WAIT指令编辑界面。

步骤4：单击“增加条件”，进入增加条件编辑界面，通过选择寄存器或IO来增加对应条件。

步骤5：增加条件添加完成后单击“确定”，返回WAIT指令编辑界面。

步骤6：编辑完WAIT的条件后，在WAIT指令编辑界面下的选择框中选择“LBL”输入标签号。

步骤7：在标签后可以选择“无”，则按照控制器配置的超时时间执行，也可以选择等待超时自行输入时间。

步骤8：完成后单击“确定”，返回WAIT指令编辑界面。

步骤9：单击操作栏中的“确定”，完成添加超时指令。

注 意

编辑完WAIT的条件后，若编辑超时后在要跳转的LBL选择无，则超时设置对于该指令是无作用的，执行程序时若条件未满足会一直堵塞在该行，只能通过单击下方菜单栏“更多”→“解除等待”方式解除该种状态。

（五）PULSE输出脉冲指令

1. PULSE指令说明

PULSE输出脉冲指令，通过该指令可以控制某一输出状态（DO［ ］）持续保持一段时长，而不影响程序运行节拍，对应的输出结果可以在示教器中同步进行更新。

2. PULSE指令语法

PULSE DO［i］TIME=值

其中，i表示的是IO序号。

3. PULSE指令示例

情况一：

J P［1］VEL=100

J P［0］VEL=50

PULSE DO［40］TIME=10000

J P［1］VEL=50

在上述执行流程中，机器人执行关节运动到点P［0］，此时DO［40］置为ON，不等待，直接执行下一行运动指令，关节运动到点P［1］，程序执行完成，从DO［40］输出开始，10s后，DO［40］输出置为OFF。

情况二：

若在同一时间段内既有DO指令，又有PULSE指令，则将两者统一起来，按照“先变化先进行处理”的原则进行。

DO［40］=ON

WAIT TIME=1000

PULSE DO［40］=10000

在上述执行流程中，DO［40］置为ON，1s后PULSE指令中DO［40］先置为ON，10s后置为OFF，输出ON时长11s。

情况三：

在同一时间段内，两个脉冲指令同时对同一IO进行操作，两者按照时间维度进行叠加，持续时间长者进行脉冲输出，如图5-7所示。

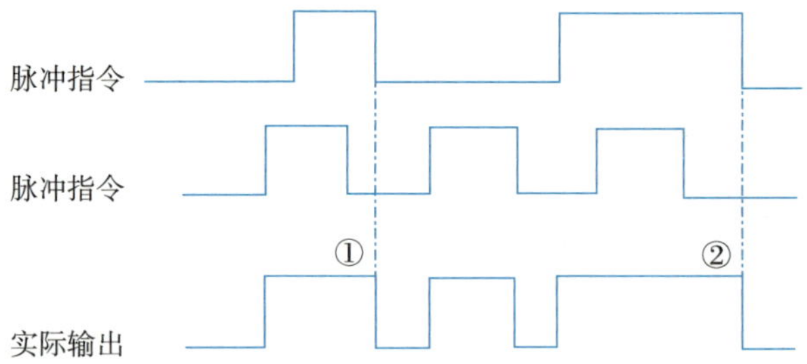

图5-7　两个脉冲指令的时序示意图

4. PULSE指令操作步骤

步骤1：选择需要添加PULSE输出脉冲指令行的上一行的位置。

步骤2：选择“指令”→“IO指令”→“PULSE”，进入PULSE指令编辑界面，如图5-8所示。

图5-8　PULSE指令编辑界面

步骤3：在第一个输入框中输入IO序号。

步骤4：在第二个输入框中输入相应的TIME值。

步骤5：单击操作栏中的“确定”，完成添加PULSE输出脉冲指令。

注 意

输出脉冲未结束时若程序卸载，则不会自动复位置为OFF。

（六）VDI虚拟指令

1. VDI指令说明

VDI虚拟指令，通过该指令增加虚拟DI输入，结合外部信号配置，通过虚拟外部信号输入来控制主程序的运行。执行VDI［X］=ON/OFF/DO［X］/DI［X］，将对应的虚拟DI信号置为ON或OFF。

2. VDI指令语法

VDI［i］=ON/OFF/DO［i］/DI［i］

其中，i表示的是IO序号。

3. VDI指令示例

```
J P［1］VEL=100          '在RUN程序中添加VDI，实现外围设备有信号机器人暂停，
                          无信号机器人起动
LBL［1］
IF DI［7］=ON THEN
VDI［12］=ON              'DI输入12绑定外部运行IPRG_PAUSE
WAIT TIME=10
VDI［12］=OFF
END IF
IF DI［7］=OFF THEN
VDI［13］=ON              'DI输入13绑定外部运行IPRG_START
WAIT TIME=10
VDI［13］=OFF
END IF
GOTO LBL［1］
```

4. VDI指令操作步骤

步骤1：选择需要添加VDI虚拟指令行的上一行的位置。

步骤2：选择“指令”→“IO指令”→“VDI”，进入VDI指令编辑界面，如图5-9所示。

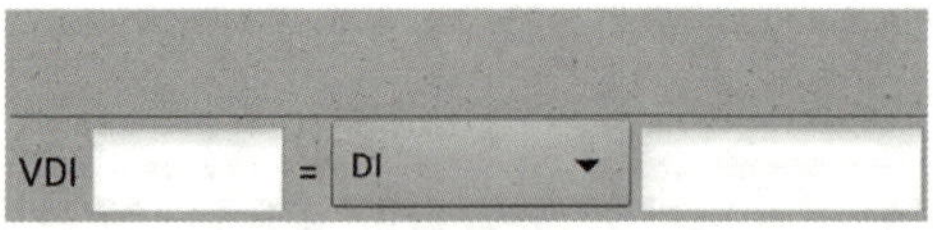

图5-9 VDI指令编辑界面

步骤3：在第一个输入框中输入IO序号。

步骤4：可在选择框选择“ON”或者“OFF”，如果选择“IO”，则需要在对应的输入框中输入相应IO的序号。

步骤5：单击操作栏中的“确定”，完成添加VDI虚拟指令。

IO指令

二、流程指令

（一）CALL指令

1. CALL指令说明

CALL指令用于子程序调用，执行子程序的程序内容。

2. CALL指令语法

CALL程序名.PRG

3. CALL指令示例

```
'MAIN.PRG（主程序）
J JR［1］VEL=50
J JR［2］VEL=50
CALL SON.PRG                '调用子程序
'SON.PRG（子程序）
DO［1］=ON
WAIT TIME=500
DO［1］=OFF
```

在上述执行流程中，机器人依次运动到JR［1］、JR［2］，执行DO［1］=ON，强制等待500ms后，DO［1］=OFF，关闭脉冲信号，完成程序执行。

4. CALL指令操作步骤

步骤1：选择需要插入的指令行的上一行。

步骤2：选择“指令”→“流程指令”→“CALL”，进入CALL指令编辑界面，如图5-10所示。

图5-10　CALL指令编辑界面

步骤3：单击“选择子程序”。

步骤4：选中子程序，确定。

步骤5：单击操作栏中的“确定”，添加CALL指令完成。

注　意

程序调用支持多层嵌套，支持10层及以上。

（二）GOTO指令

1. GOTO指令说明

GOTO指令主要用来跳转程序到指定标签（LBL）位置处。若要使用GOTO指令，必须在程序中定义LBL，且GOTO与LBL必须在同一程序块中。

2. GOTO指令语法

LBL［标签名称］

GOTO LBL［标签名称］

3. GOTO指令示例

```
LBL［1］
J P［1］VEL=50
J P［2］VEL=50              '两点之间循环运动
GOTO LBL［1］
```

4. GOTO指令操作步骤

步骤1：选定需要插入的指令行的上一行。

步骤2：选择“指令”→“流程指令”→“LBL”，输入标签号，如图5-11所示。

步骤3：单击操作栏中的“确定”，插入LBL指令成功。

步骤4：选择需要跳转的指令行。

步骤5：选择“指令”→“流程指令”→“GOTO”，在输入框输入标签号，如图5-12所示。

图5-11　流程指令——LBL

图5-12　流程指令——GOTO

步骤6：单击操作栏中的“确定”，添加GOTO指令成功。

流程指令

项目实施

完成电机装配的应用编程需经过4个环节，包括运动规划、示教编程、程序检查及运行调试。

一、运动规划

（一）流程规划

本项目需要完成三套电机部件的装配，所编制的程序需要控制机器人自动安装夹具，自动从电机装配放置模块取料并在变位机装配模块上完成电机部件的装配，机器人装配完成后自动将电机成品放在立体仓库中，完成入库后，机器人能够自动将夹具放回到快换夹具模块上的合适位置。

根据装配要求，确定电机装配流程：机器人回原点→机器人更换直口手爪工具→机器人抓取电机外壳→机器人放置电机筒体→电机装配放置模块的夹紧→机器人离开装配位置→机器人抓取电机转子→机器人放置电机转子→机器人离开装配位置→机器人更换吸盘夹具→机器人抓取电机端盖→机器人放置电机端盖→机器人离开装配位置→机器人更换直口手爪工具→机器人夹紧电机部件→电机装配放置模块的松开→机器人离开装配位置→机器人放置电机成品入库→机器人放置直口手爪工具→机器人回原点。

（二）路径规划

电机装配路径规划分为取直口手爪工具、电机外壳装配、电机转子装配、放直口手爪工具、取吸盘工具、电机端盖装配、放吸盘工具、电机入库。根据机器人需要完成的装配动作，对机器人进行运动路径规划。将相同姿态位置过渡合并为1个，并缩短过渡点到目标点距离，优化电机装配路径，机器人装配运动路径规划如图5-13所示。

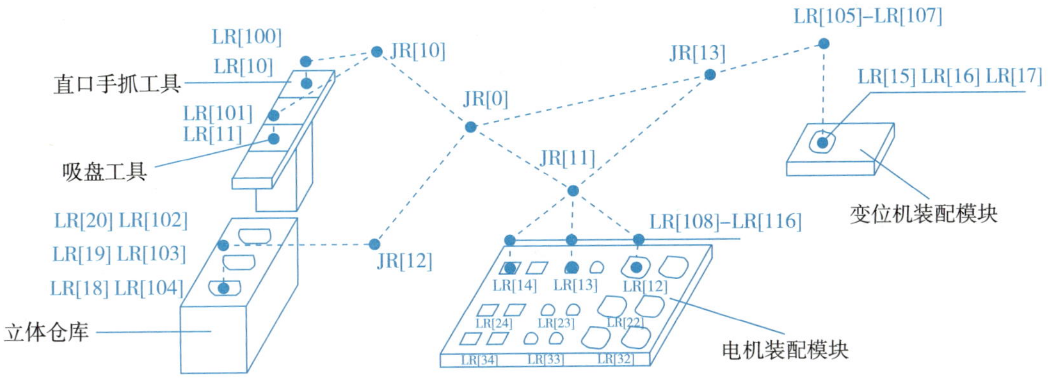

图5-13　机器人装配运动路径规划图

（三）点位示教

根据流程规划和路径规划，规划程序所用寄存器点位，手动操作机器人对各寄存器进行示教，如表5-1所示。

表5-1　寄存器点位规划表

序号	标号	名称	点位说明
1	JR［0］	原点	机器人工作准备
2	JR［10］	取（放）工具过渡点	过渡点
3	JR［11］	取零件过渡点	
4	JR［12］	仓库过渡点	
5	JR［13］	装配过渡点	
6	LR［10］	平口工具锁紧位	取放直口手爪工具位
7	LR［11］	吸盘工具锁紧位	取放吸盘工具位

续表

序号	标号	名称	点位说明
8	LR［12］	1#电机外壳取料位	电机零件取料位
9	LR［13］	1#电机转子取料位	
10	LR［14］	1#电机端盖取料位	
11	LR［22］	2#电机外壳取料位	
12	LR［23］	2#电机转子取料位	
13	LR［24］	2#电机端盖取料位	
14	LR［32］	3#电机外壳取料位	
15	LR［33］	3#电机转子取料位	
16	LR［34］	3#电机端盖取料位	
17	LR［15］	电机外壳装配位	电机零件装配位
18	LR［16］	电机转子装配位	
19	LR［17］	电机端盖装配位	
20	LR［18］	1#电机入库位置	电机入库位置
21	LR［19］	2#电机入库位置	
22	LR［20］	3#电机入库位置	
23	LR［100］	平口工具锁紧位上方位置	夹具上方位置
24	LR［101］	吸盘工具锁紧位上方位置	
25	LR［102］	1#电机入库上方位置	电机入库上方位置
26	LR［103］	2#电机入库上方位置	
27	LR［104］	3#电机入库上方位置	
28	LR［105］	电机外壳装配位上方位置	电机装配位上方位置
29	LR［106］	电机转子装配位上方位置	
30	LR［107］	电机端盖装配位上方位置	
31	LR［108］	1#电机外壳取料位上方位置	电机零件取料位上方位置
32	LR［109］	1#电机转子取料位上方位置	
33	LR［110］	1#电机端盖取料位上方位置	
34	LR［111］	2#电机外壳取料位上方位置	
35	LR［112］	2#电机转子取料位上方位置	

续表

序号	标号	名称	点位说明
36	LR［113］	2#电机端盖取料位上方位置	电机零件取料位上方位置
37	LR［114］	3#电机外壳取料位上方位置	
38	LR［115］	3#电机转子取料位上方位置	
39	LR［116］	3#电机端盖取料位上方位置	

二、编制程序

（一）程序结构分析

机器人在电机装配任务中有三类动作：机器人取工具、机器人装配及机器人放工具。对于多套电机装配作业任务来说，其作业工艺相同，机器人电机装配流程如图5–14所示。这时，操作人员只需要将一套电机装配程序写好，封装成相对应的功能块（程序）。在做其他电机装配时，对前面的功能块（程序）进行多次调用，采用这种结构化编程思想，可以提高操作编程、调试、维护等的效率。

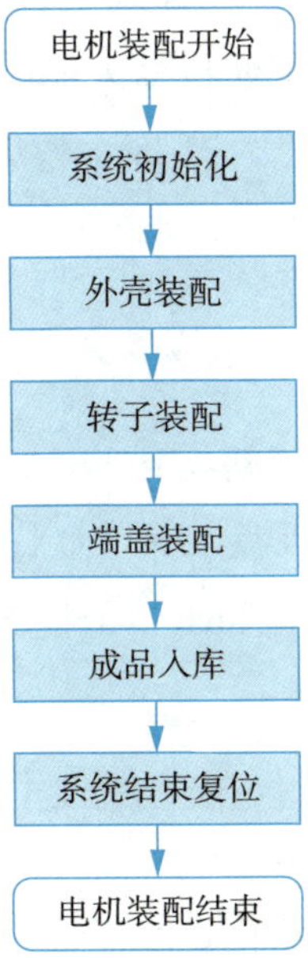

图5–14　机器人电机装配流程

（二）设计整体运行流程图

根据机器人装配的程序结构分析，针对三套电机装配作业任务，采用结构化的编程思路，设计三套电机装配整体运行流程，如图5-15所示。

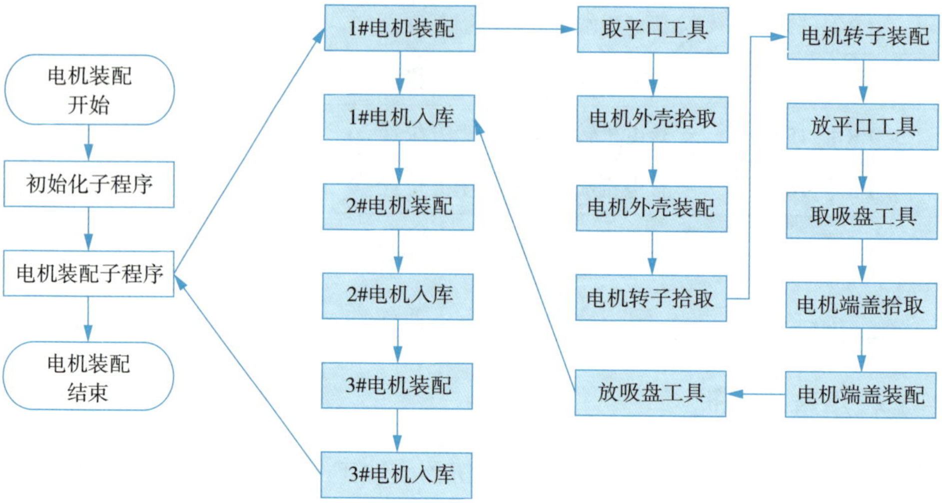

图5-15　电机装配整体运行流程图

（三）编写示教程序

让机器人实现具体的任务：在完成任务规划、动作规划、路径规划后，确定工作区域，开始对机器人进行示教编程。为了使机器人能够进行再现，就必须用机器人的编程命令，将机器人的运动轨迹和动作编成程序（即示教编程），利用工业机器人的手动控制功能完成轨迹动作，并记录机器人的动作。

（1）设置机器人运动参数。

（2）新建名为“DJZP”的主程序。

（3）为方便多次调用，分布式新建初始化“INIT”子程序、取平口工具“QPZ”子程序、放平口工具“FPZ”子程序、取吸盘工具“QXP”子程序、放吸盘工具“FXP”子程序、电机装配“ZP”子程序、电机入库“RK”子程序。

（4）按照程序流程编辑并保存程序。

参考程序如下。

主程序“DJZP.PRG”

```
CALL "INIT".PRG              '调用初始化子程序
'1#电机装配参数实例化
LR［200］=LR［108］          '1#电机外壳取料位上方位置
LR［201］=LR［12］           '1#电机外壳取料位
LR［202］=LR［109］          '1#电机转子取料位上方位置
```

```
LR［203］=LR［13］          '1#电机转子取料位
LR［204］=LR［110］         '1#电机端盖取料位上方位置
LR［205］=LR［14］          '1#电机端盖取料位
CALL "ZP.PRG"              '调用电机装配子程序
LR［206］=LR［102］         '1#电机入库上方位置
LR［207］=LR［18］          '1#电机入库位置
CALL "RK.PRG"              '调用电机入库子程序
'2#电机装配参数实例化
LR［200］=LR［111］         '2#电机外壳取料位上方位置
LR［201］=LR［22］          '2#电机外壳取料位
LR［202］=LR［112］         '2#电机转子取料位上方位置
LR［203］=LR［23］          '2#电机转子取料位
LR［204］=LR［113］         '2#电机端盖取料位上方位置
LR［205］=LR［24］          '2#电机端盖取料位
CALL "ZP.PRG"              '调用电机装配子程序
LR［206］=LR［103］         '2#电机入库上方位置
LR［207］=LR［19］          '2#电机入库位置
CALL "RK.PRG"              '调用电机入库子程序
'3#电机装配参数实例化
LR［200］=LR［114］         '3#电机外壳取料位上方位置
LR［201］=LR［32］          '3#电机外壳取料位
LR［202］=LR［115］         '3#电机转子取料位上方位置
LR［203］=LR［33］          '3#电机转子取料位
LR［204］=LR［116］         '3#电机端盖取料位上方位置
LR［205］=LR［34］          '3#电机端盖取料位
CALL "ZP.PRG"              '调用电机装配子程序
LR［206］=LR［104］         '3#电机入库上方位置
LR［207］=LR［20］          '3#电机入库位置
CALL "RK.PRG"              '调用电机入库子程序

'初始化子程序"INIT.PRG"
UTOOL_NUM=-1               '调用默认工具坐标系
UFRAME_NUM=-1              '调用默认工件坐标系
```

```
DO［8］=OFF              '复位快换
DO［9］=OFF              '复位快换
DO［10］=OFF             '复位夹具
DO［11］=OFF             '复位夹具
DO［12］=OFF             '复位吸盘
J JR［0］                '机器人回原点

'取平口工具子程序“QPZ.PRG”
DO［8］=ON               '打开快换松
DO［9］=OFF              '关闭快换紧
DO［10］=OFF             '关闭夹具松
DO［11］=OFF             '关闭夹具紧
J JR［0］                '机器人回原点
J JR［10］CNT=1          '快速运动至取（放）工具过渡点
J LR［100］CNT=1         '快速运动至平口工具锁紧位上方点
L LR［10］VEL=100        '直线运动至平口工具锁紧位
DO［8］=OFF              '关闭夹具松
DO［9］=ON               '打开夹具紧
WAIT TIME=500            '延时0.5s
L LR［100］              '直线运动至平口工具锁紧位上方点
J JR［10］CNT=1          '快速运动至取（放）工具过渡点
J JR［0］                '机器人回原点

'放平口工具子程序“FPZ.PRG”
DO［10］=OFF             '关闭夹具松
DO［11］=OFF             '关闭夹具紧
J JR［0］                '机器人回原点
J JR［10］CNT=1          '快速运动至取（放）工具过渡点
L LR［100］              '直线运动至平口工具锁紧位上方点
L LR［10］VEL=100        '直线运动至平口工具锁紧位
DO［8］=ON               '打开夹具松
DO［9］=OFF              '关闭夹具紧
WAIT TIME=500            '延时0.5s
```

```
L LR［100］              '直线运动至平口工具锁紧位上方点
J JR［10］CNT=1          '快速运动至取（放）工具过渡点
J JR［0］                '机器人回原点

'取吸盘工具子程序“QXP.PRG”
J JR［0］                '机器人回原点
J JR［10］CNT=1          '快速运动至取（放）工具过渡点
J LR［101］              '快速运动至吸盘工具锁紧位上方点
L LR［11］VEL=100        '直线运动至吸盘工具锁紧位
DO［8］=OFF              '关闭快换松
DO［9］=ON               '打开快换紧
WAIT TIME=500            '延时0.5s
UTOOL_NUM=10             '调用吸盘工具坐标系
L LR［101］              '直线运动至吸盘工具锁紧位上方点
J JR［10］CNT=1          '快速运动至取（放）工具过渡点
J JR［0］                '机器人回原点

'放吸盘工具子程序“FXP.PRG”
J JR［0］                '机器人回原点
J JR［10］CNT=1          '快速运动至取（放）工具过渡点
J LR［101］              '快速运动至吸盘工具锁紧位上方点
L LR［11］VEL=100        '直线运动至吸盘工具锁紧位
DO［8］=ON               '打开快换松
DO［9］=OFF              '关闭快换紧
WAIT TIME = 500          '延时0.5s
UTOOL_NUM =-1            '调用默认工具坐标系
L LR［101］              '直线运动至吸盘工具锁紧位上方点
J JR［10］CNT=1          '快速运动至取（放）工具过渡点
J JR［0］                '机器人回原点

'电机装配子程序“ZP.PRG”
CALL "QPZ.PRG"           '调用取平口工具
J JR［11］CNT=1          '快速运动至取零件过渡点
```

```
J LR [200] CNT=1          '快速运动至取电机外壳取料位上方点
L LR [201] VEL=100        '直线运动至电机外壳取料位
WAIT TIME=500             '延时0.5s
DO [10] =OFF              '关闭夹具松
DO [11] =ON               '打开夹具紧
WAIT TIME=500             '延时0.5s
L LR [200]                '直线运动至取电机外壳取料位上方点
J JR [11] CNT=1           '快速运动至取零件过渡点
J JR [13] CNT=1           '快速运动至装配零件过渡点
J LR [105] CNT=1          '快速运动至电机外壳装配位上方点
L LR [15] VEL=100         '直线运动至电机外壳装配位
WAIT TIME=500             '延时0.5s
DO [49] =ON               '打开装配气缸夹紧
DO [51] =OFF              '关闭装配气缸松开
WAIT TIME=500             '延时0.5s
DO [10] =ON               '打开夹具松
DO [11] =OFF              '关闭夹具紧
WAIT TIME=500             '延时0.5s
L LR [105] CNT=1          '直线运动至电机外壳装配位上方点
J JR [13] CNT=1           '快速运动至装配零件过渡点
J JR [11] CNT=1           '快速运动至取零件过渡点
J LR [202] CNT=1          '快速运动至电机转子取料位上方点
L LR [203] VEL=100        '直线运动至电机转子取料位
WAIT TIME=500             '延时0.5s
DO [10] =OFF              '关闭夹具松
DO [11] =ON               '打开夹具紧
WAIT TIME=500             '延时0.5s
L LR [202] CNT=1          '直线运动至电机转子取料位上方点
J JR [11] CNT=1           '快速运动至取零件过渡点
J JR [13] CNT=1           '快速运动至装配零件过渡点
J LR [106] CNT=1          '快速运动至电机转子装配位上方点
L LR [16] VEL=100         '直线运动至电机转子装配位
WAIT TIME=500             '延时0.5s
```

```
DO［10］=ON              '打开夹具松
DO［11］=OFF             '关闭夹具紧
WAIT TIME=500            '延时0.5s
L LR［106］CNT=1         '直线运动至电机转子装配位上方点
J JR［13］CNT=1          '快速运动至装配零件过渡点
J JR［11］CNT=1          '快速运动至取零件过渡点
CALL "FPZ.PRG"           '调用放平口工具
CALL "QXP.PRG"           '调用取吸盘工具
J JR［11］CNT=1          '快速运动至取零件过渡点
J LR［204］CNT=1         '快速运动至取电机端盖取料位上方点
L LR［205］VEL=100       '直线运动至电机端盖取料位
WAIT TIME=500            '延时0.5s
DO［12］=ON              '打开吸盘
WAIT TIME=500            '延时0.5s
L LR［204］CNT=1         '直线运动至取电机端盖取料位上方点
J JR［11］CNT=1          '快速运动至取零件过渡点
J JR［13］CNT=1          '快速运动至装配零件过渡点
J LR［107］CNT=1         '快速运动至电机端盖装配位上方点
L LR［17］VEL=100        '直线运动至电机端盖装配位
WAIT TIME=500            '延时0.5s
DO［12］=OFF             '关闭吸盘
WAIT TIME=500            '延时0.5s
L LR［0］CNT=1           '直线运动至电机端盖装配位上方点
CALL "FXP.PRG"           '调用放吸盘工具

'电机入库子程序“RK.PRG”
J JR［0］                '机器人回原点
CALL "QPZ.PRG"           '调用取平口工具
J JR［13］CNT=1          '快速运动至装配零件过渡点
J LR［105］CNT=1         '快速运动至电机外壳装配位上方点
L LR［15］VEL=100        '直线运动至电机外壳装配位
WAIT TIME=500            '延时0.5s
DO［10］=OFF             '关闭夹具松
```

```
DO［11］=ON              '打开夹具紧
WAIT TIME=500            '延时0.5s
DO［49］=OFF             '关闭装配气缸夹紧
DO［51］=ON              '打开装配气缸松开
WAIT TIME=500            '延时0.5s
L LR［105］CNT=1         '直线运动至电机外壳装配位上方点
J JR［13］CNT=1          '快速运动至装配零件过渡点
J JR［0］CNT=1           '回到原点
J JR［12］CNT=1          '快速运动至仓库过渡点
L LR［206］CNT=1         '快速运动至电机入库上方点
L LR［207］VEL=100       '直线运动至电机入库位置
WAIT TIME=500            '延时0.5s
DO［10］=ON              '打开夹具松
DO［11］=OFF             '关闭夹具紧
WAIT TIME=500            '延时0.5s
L LR［206］              '直线运动至电机入库上方点
J JR［12］               '快速运动至仓库过渡点
CALL "FPZ.PRG"           '调用放平口工具
J JR［0］                '回到原点
```

三、程序检查

在程序编写完成后，首次运行程序前应进行检查，以保证程序的正常运行。编写和运行程序时经常会遇到错误，若程序有语法错误，则示教器信息窗口将显示报警、出错程序及出错行号，若程序无错误，则检查完成。

四、运行调试

在手动模式T1下，加载主程序“DJZP.PRG”，若无报警证明程序不存在语法问题，接下来切换至单步方式，以20%速度倍率执行程序，根据运动规划逐行检验程序的可行性。

在自动模式下，以50%速度倍率执行程序，完成3套电机装配流程。

工业机器人电机装配

项目报告

<table>
<tr><td>班级</td><td></td><td>姓名</td><td></td><td>学号</td><td></td></tr>
<tr><td>指导教师</td><td colspan="2"></td><td>时间</td><td colspan="2">年　月　日</td></tr>
<tr><td>课程名称</td><td colspan="5"></td></tr>
<tr><td>项目</td><td colspan="5">工业机器人装配应用编程</td></tr>
<tr><td>学习目标</td><td colspan="5">了解工业机器人装配应用，掌握工业机器人IO指令、流程指令的应用，完成电机装配的程序编写与调试。
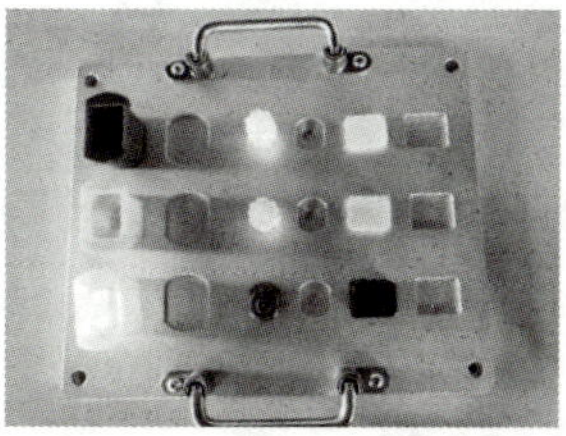</td></tr>
<tr><td>注意事项</td><td colspan="5">1. 在教师的指导下完成实训任务。
2. 在实训过程中不要乱改机器人的相关设置及参数。
3. 在工业机器人运动过程中，禁止触碰工业机器人。
4. 在工业机器人手动操作时尽量降低运行速度。
5. 在运行过程中，注意机器人奇异点位置。
6. 当工业机器人运动异常时，应及时按下急停开关。</td></tr>
<tr><td rowspan="2">学习任务</td><td colspan="5">任务1：IO指令</td></tr>
<tr><td colspan="5">1. 运用DO指令编写一个可执行的程序。

2. 运用WAIT指令编写一个可执行的程序。

3. 运用PULSE输出脉冲指令编写一个可执行的程序

4. 运用VDI虚拟指令编写一个可执行的程序。</td></tr>
</table>

<table>
<tr><td rowspan="4">学习任务</td><td>任务 2：流程指令</td></tr>
<tr><td>1. 运用CALL指令编写一个可执行的程序。

2. 运用GOTO指令编写一个可执行的程序。</td></tr>
<tr><td>任务 3：电机装配的程序编写及运行操作</td></tr>
<tr><td>1. 电机装配的运动规划。

2. 电机装配程序的编写及运行操作。

3. 整体运行及调试。</td></tr>
</table>

学习心得	

项目评价

工业机器人装配应用编程				
职业素养（40分）				
序号	内容	自评	互评	师评
1	正确穿戴工作服和安全帽（10分）			
2	安全规范地使用工具、量具（10分）			
3	安全文明地使用示教器（10分）			
4	环境摆放及“8S”现场（10分）			
技能操作（60分）				
1	电机装配运动规划（10分）			
2	程序编写及示教（5分）			
3	第一套电机的装配（10分）			
4	第二套电机的装配（10分）			
5	第三套电机的装配（10分）			
6	手动单步调试程序（5分）			
7	自动连续运行完整过程（10分）			
综合评价				

项目六

工业机器人码垛应用编程

项目分析

码垛作业广泛应用于食品、饮料、化工等行业，使用工业机器人进行码垛作业，具有生产效率高、节约成本、保障工人安全、码垛整齐规范等优点。图 6–1 所示为华数机器人在生产线上进行码垛作业。本项目通过码垛模块模拟工业机器人的码垛工作过程，码垛模块如图 6–2 所示。

图 6–1　工业机器人码垛应用

图 6–2　码垛模块

工业机器人码垛应用案例

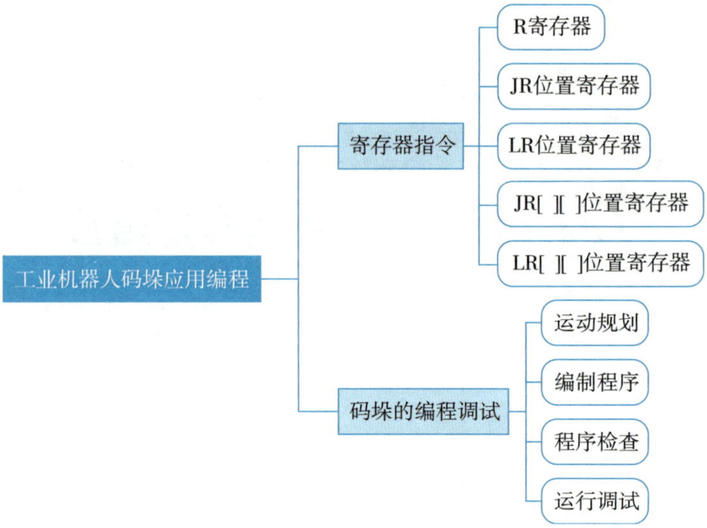

学习目标

知识目标

- 了解工业机器人码垛过程。
- 掌握工业机器人寄存器指令的应用。
- 掌握工业机器人应用编程方法。

能力目标

- 能够熟练使用基础编程指令。
- 能够运用寄存器指令编制复杂的程序。
- 能够完成工业机器人码垛程序的编写与调试。

素养目标

- 通过学习知识，养成自主学习的习惯。
- 通过项目实施，培养开拓创新的探究精神，养成精益求精的工匠精神。
- 通过组内合作，提高团队协作及有效沟通能力。

相关知识

华数Ⅲ型系统预先定义了几组不同类型的寄存器，供用户使用，包括浮点型的R寄存器、关节坐标型的JR寄存器、笛卡尔型的LR寄存器。一般情况下，用户将预先设置的值赋值给对应索引号的寄存器，寄存器可以直接在程序中使用。寄存器指令包含R［ ］、JR［ ］、LR［ ］、JR［ ］［ ］、LR［ ］［ ］、P［ ］、P［ ］［ ］。

一、R寄存器

（一）R寄存器指令说明

R寄存器指令在寄存器上完成算术运算。寄存器是存储数据的变量，机器人控制系统提供300个R寄存器。

（二）R寄存器指令语法

（1）R［i］=（value）

（2）R［i］=（value）+（value）

（3）R［i］=（value）-（value）

（4）R［i］=（value）*（value）

（5）R［i］=（value）/（value）

（6）R［i］=（value）MOD（value）

（7）R［i］=（value）DIV（value）

其中，i的范围是0到299，value可以取常数（constant）、寄存器（R）、位置寄存器中的某个轴（JR［ ］［ ］/LR［ ］［ ］）、数字量输入/输出（DI［ ］/DO［ ］））。

算术运算符说明如表6-1所示。

表6-1　算术运算符说明

运算符	运算规则	示例（x=5，y=2）
+	左边和右边加法运算	7
-	左边和右边减法运算	3
*	左边和右边乘法运算	10
/	左边和右边除法运算	2.5

续表

运算符	运算规则	示例（x=5，y=2）
MOD	左边和右边除法运算取余数	1
DIV	左边和右边除法运算取整数	2

（三）R寄存器指令示例

R［1］=1

R［1］=R［2］

R［1］=R［1］+1

R［1］=DI［1］

R［1］=DO［1］

R［1］=JR［0］［0］+LR［0］［1］*R［2］－（R［3］/2+R［4］）

（四）R寄存器指令操作步骤

步骤1：选择需要添加寄存器指令行的上一行。

步骤2：选择“指令”→“赋值指令”，进入赋值指令编辑界面，如图6–3所示。

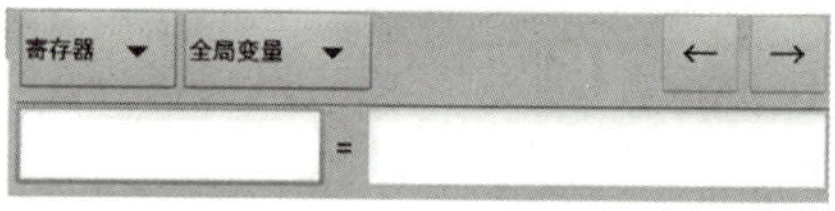

图6–3　赋值指令编辑界面

步骤3：第一个输入框，在“寄存器”下拉框中选择“R［ ］”。

步骤4：在输入框中输入寄存器索引号。

步骤5：在第二个输入框中可以直接输入数值，也可以选择“寄存器”，选择“全局变量”“IO”及“运算符”进行计算，如图6–4所示。

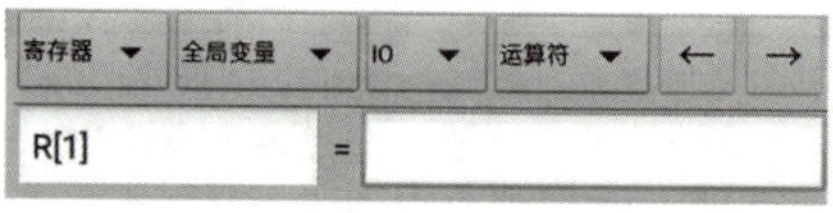

图6–4　R［ ］编辑界面

步骤6：单击操作栏中的“确定”，完成R寄存器指令的添加。

二、JR位置寄存器

（一）JR位置寄存器指令说明

JR位置寄存器指令在位置寄存器上完成算术操作。JR位置寄存器指令可以把位置数据、两个数值的和或差赋值给指定的位置寄存器。JR位置寄存器是存储关节坐标型位置数据的变量，本系统提供300个JR位置寄存器。

（二）JR位置寄存器指令语法

（1）JR［i］=（value）

（2）JR［i］=（value）+（value）

（3）JR［i］=（value）–（value）

其中，i的范围是0到299，value取位置寄存器（JR）、位置变量（P）、关节坐标系中的当前位置（JPOS）。

（三）JR位置寄存器指令示例

JR［1］=JR［2］

JR［1］=JPOS

JR［1］=JR［2］+JR［3］

JR［1］=JR［2］+JR［3］–JR［6］

（四）JR位置寄存器指令操作步骤

步骤1：选择需要添加寄存器指令行的上一行。

步骤2：选择“指令”→“赋值指令”，进入赋值指令编辑界面，如图6–3所示。

步骤3：第一个输入框，在“寄存器”下拉框中选择“JR［ ］”。

步骤4：在输入框中输入寄存器索引号。

步骤5：在第二个输入框中可以选择“寄存器”及“运算符”进行计算，如图6–5所示。

图6–5 JR［ ］编辑界面

步骤6：单击操作栏中的“确定”，完成JR寄存器指令的添加。

三、LR位置寄存器

（一）LR位置寄存器指令说明

LR位置寄存器指令在位置寄存器上完成算术操作。LR位置寄存器指令可以把位置数据、两个数值的和或差赋值给指定的位置寄存器。LR位置寄存器是存储笛卡尔坐标型位置数据的变量，本系统提供300个LR位置寄存器。

（二）LR位置寄存器指令语法

（1）LR [i] = (value)

（2）LR [i] = (value) + (value)

（3）LR [i] = (value) – (value)

其中，i的范围是0到299，value取位置寄存器（LR）、位置变量（P）、笛卡尔坐标系中的当前位置（LPOS）。

（三）LR位置寄存器指令示例

LR [1] =LR [2]

LR [1] =LPOS

LR [1] =LR [2] +LR [3]

LR [1] =LR [2] +LR [3] –LR [6]

注　意

LR [1] =LR [2] +LR [3]，此时LR [1] 取的为LR [2] 的形态位。

（四）LR位置寄存器指令操作步骤

步骤1：选择需要添加寄存器指令行的上一行。

步骤2：选择“指令”→“赋值指令”，进入赋值指令编辑界面，如图6-3所示。

步骤3：第一个输入框，在“寄存器”下拉框中选择“LR [ ]”。

步骤4：在输入框中输入寄存器索引号。

步骤5：在第二个输入框中可以选择“寄存器”及“运算符”进行计算，如图6-6所示。

图6-6　LR［ ］编辑界面

步骤6：单击操作栏中的“确定”，完成LR寄存器指令的添加。

四、JR［ ］［ ］位置寄存器

（一）JR［ ］［ ］位置寄存器指令说明

JR［ ］［ ］位置寄存器指令在位置寄存器上完成计算操作。JR［ ］［ ］中的第一个［ ］代表位置寄存器的序号，取值范围是0~299，第二个［ ］代表位置寄存器元素序号，其中0表示A1，1表示A2，2表示A3，3表示A4，4表示A5，5表示A6（如存在外部轴，则6表示E1，7表示E2，8表示E3）。JR［ ］［ ］位置寄存器指令可以将位置数据元素的值或两个数据的和、差、商、余数等赋值给指定的位置寄存器元素。

（二）JR［ ］［ ］位置寄存器指令语法

（1）JR［ ］［ ］=（value）

（2）JR［ ］［ ］=（value）+（value）

（3）JR［ ］［ ］=（value）–（value）

（4）JR［ ］［ ］=（value）*（value）

（5）JR［ ］［ ］=（value）/（value）

（6）JR［ ］［ ］=（value）MOD（value）

（7）JR［ ］［ ］=（value）DIV（value）

其中，value可以取常数（constant）、寄存器（R）、位置寄存器中的某个轴（JR［ ］［ ］/ LR［ ］［ ］）、位置变量中的某个轴（P［ ］［ ］）。

（三）JR［ ］［ ］位置寄存器指令示例

JR［1］［0］=JR［3］［0］

JR［1］［8］=R［1］

JR［1］［0］=P［1］［0］

JR［1］［1］=JR［1］［R［1］］*2

JR［1］［1］=JR［1］［1］*R［2］

JR［R［1］］［R［2］］=JR［1］［0］–R［1］

（四）JR［ ］［ ］位置寄存器指令操作步骤

步骤1：选择需要添加寄存器指令行的上一行。

步骤2：选择“指令”→“赋值指令”，进入赋值指令编辑界面，如图6–3所示。

步骤3：第一个输入框，在“寄存器”下拉框中选择“JR［ ］［ ］”。

步骤4：在输入框中输入寄存器索引号。

步骤5：在第二个输入框中可以选择“寄存器”及“运算符”进行计算，如图6–7所示。

图6–7 JR［ ］［ ］编辑界面

步骤6：单击操作栏中的“确定”，完成JR［ ］［ ］位置寄存器指令的添加。

五、LR［ ］［ ］位置寄存器

（一）LR［ ］［ ］位置寄存器指令说明

LR［ ］［ ］位置寄存器指令在位置寄存器上完成计算操作。LR［ ］［ ］中的第一个［ ］代表位置寄存器的序号，取值范围是0~299，第二个［ ］代表位置寄存器元素序号，其中0表示X，1表示Y，2表示Z，3表示A，4表示B，5表示C（如存在外部轴，则6表示E1，7表示E2，8表示E3）。LR［ ］［ ］位置寄存器指令可以将位置数据元素的值或两个数据的和、差、商、余数等赋值给指定的位置寄存器元素。

（二）LR［ ］［ ］位置寄存器指令语法

（1）LR［ ］［ ］=（value）

（2）LR［ ］［ ］=（value）+（value）

（3）LR［ ］［ ］=（value）–（value）

（4）LR［ ］［ ］=（value）*（value）

（5）LR［ ］［ ］=（value）/（value）

（6）LR［ ］［ ］=（value）MOD（value）

（7）LR［ ］［ ］=（value）DIV（value）

其中，value可以取常数（constant）、寄存器（R）、位置寄存器中的某个轴（JR［ ］［ ］/ LR［ ］［ ］）、位置变量中的某个轴（P［ ］［ ］）。

（三）LR［ ］［ ］位置寄存器指令示例

LR［1］［0］=LR［3］［0］

LR［1］［8］=R［1］

LR［1］［0］=P［1］［0］

LR［1］［1］=JR［1］［R［1］］*2

LR［1］［1］=LR［1］［1］*R［2］

LR［R［1］］［R［2］］=LR［1］［0］–R［1］

（四）LR［ ］［ ］位置寄存器指令操作步骤

步骤1：选择需要添加寄存器指令行的上一行。

步骤2：选择“指令”→“赋值指令”，进入赋值指令编辑界面，如图6–3所示。

步骤3：第一个输入框，在“寄存器”下拉框中选择“LR［ ］［ ］”。

步骤4：在输入框中输入寄存器索引号。

步骤5：在第二个输入框中可以选择“寄存器”及“运算符”进行计算，如图6–8所示。

图6–8　LR［ ］［ ］编辑界面

步骤6：单击操作栏中的“确定”，完成LR［ ］［ ］位置寄存器指令的添加。

寄存器指令

项目实施

若要完成码垛的应用编程，需经过4个环节，包括运动规划、编制程序、程序检查及运行调试。

一、运动规划

（一）流程规划

机器人码垛动作可分解成“从物料初始位置区取料”“将物料初始位置区搬运到目标区”“到目标区放下物料”等一系列动作。机器人的任务主要包括取物料、机器人搬运、放物料。机器人码垛前后效果如图6–9所示。

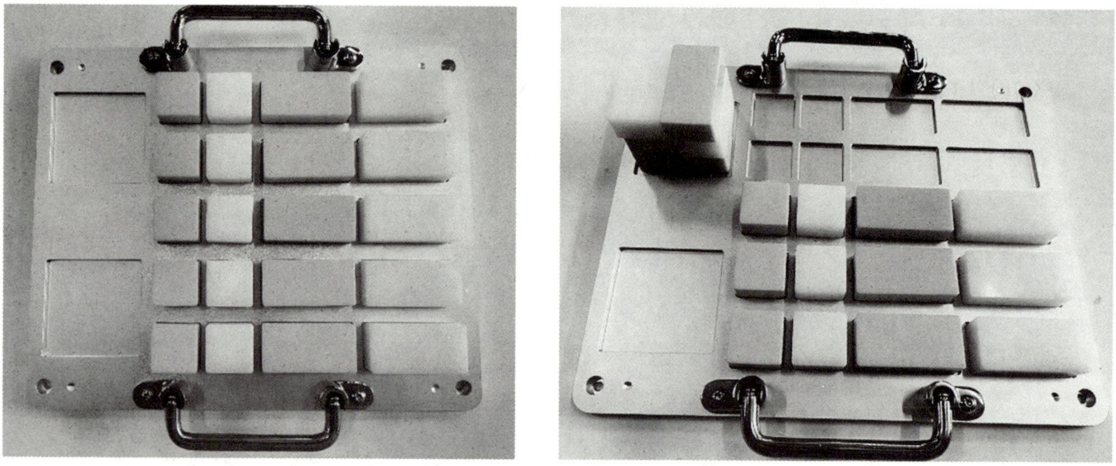

图6–9　机器人码垛前后效果

根据物料块最终垛型，决定物料块码垛放置位置，如图6–10所示。

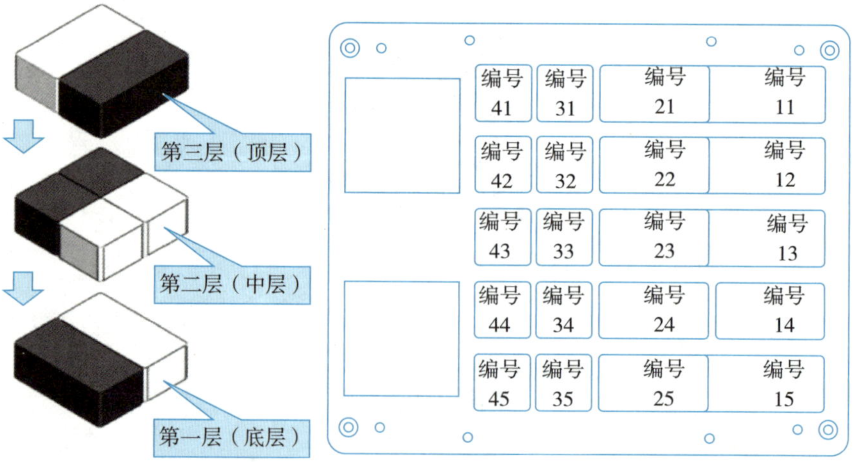

图6–10　物料块码垛放置位置参考图

根据物料块码垛放置位置，列出物料块码垛顺序参考表，如表6–2所示。

表6-2　物料块码垛顺序参考表

搬运序号	放置层数	物料块编号	物料块颜色及形状
1	1	11	白色，长方体
2	1	21	黄色，长方体
3	2	31	白色，正方体
4	2	32	白色，正方体
5	2	41	黄色，正方体
6	2	42	黄色，正方体
7	3	12	白色，长方体
8	3	22	黄色，长方体

（二）路径规划

码垛路径规划分为取吸盘工具、物料码垛、放吸盘工具。根据机器人需要完成的码垛动作，对机器人进行运动路径规划。将相同姿态的位置过渡点合并为1个，并缩短过渡点到目标点位置的距离，优化码垛路径，机器人码垛运动路径规划如图6-11所示。

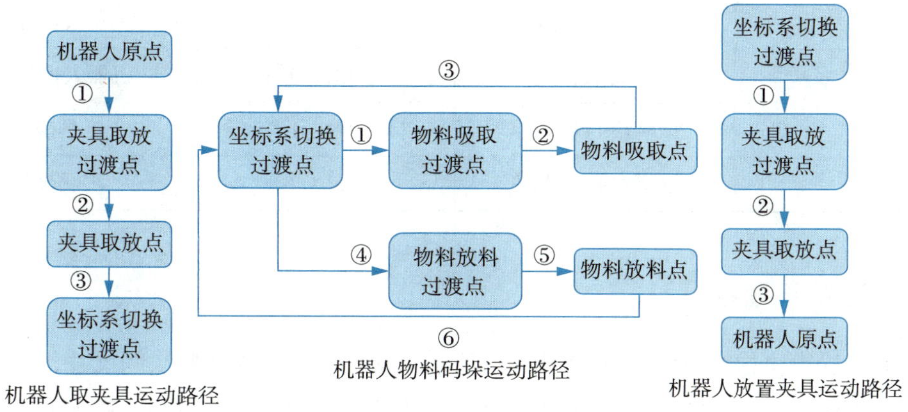

图6-11　机器人码垛运动路径规划图

（三）标定坐标系

在码垛作业过程中，为了精确控制精度，要求对机器人末端执行点轨迹进行连续控制。因此，需要对吸盘夹具进行工具坐标系标定，并保存在UT1坐标系中，标定好的吸盘工具坐标系如图6-12所示。

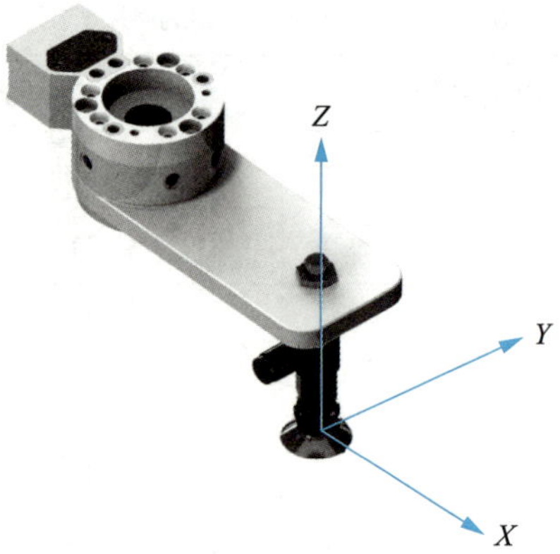

图6-12　标定好的吸盘工具坐标系

（四）点位示教

根据码垛的要求及机器人路径规划图，完成码垛必须点位的示教。机器人码垛必须进行示教的点位如表6-3所示。完成表6-3中点位的示教后，其余的点位都可以通过计算求出。

表6-3　机器人码垛必须示教点位

序号	示教点位	点位代号	说明
1	取（放）工具过渡点	JR［1］	机器人世界坐标系
2	码垛过渡点	JR［2］	机器人世界坐标系
3	夹具取放点	LR［0］	机器人世界坐标系
4	物料块11吸取点	LR［1］	工具坐标系1
5	物料块11放料点	LR［2］	工具坐标系1

（五）设置寄存器

放置的码垛模块物料块间尺寸如图6-13所示。根据码垛模块物料块间尺寸，设置搬运吸取部分中间变量，并将变量保存到LR寄存器中，将物料块吸取过渡点与吸取点的距离、物料块放料过渡点与放料点的距离设置为30mm，设置码垛搬运吸取部分中间变量表如表6-4所示。

表6-4　码垛搬运吸取部分中间变量表

序号	寄存器	数值	说明
1	LR［201］	{0，0，30，0，0，0}	*Z*轴方向偏移量
2	LR［202］	{42，0，0，0，0，0}	*X*轴方向偏移量

续表

序号	寄存器	数值	说明
3	LR［203］	{0，35，0，0，0，0}	*Y*轴方向偏移量1
4	LR［204］	{0，51.5，0，0，0，0}	*Y*轴方向偏移量2
5	LR［205］	{0，67，0，0，0，0}	*Y*轴方向偏移量3

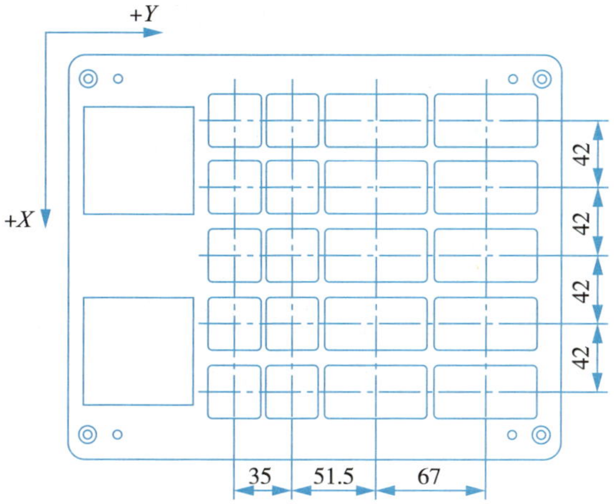

图6-13　码垛模块物料块间尺寸

码垛模块物料块尺寸如图6-14所示，设置码垛放置部分中间变量表，如表6-5所示；由于机器人在码垛过程中，部分物料块需要转向90°及转回，故设置转向用寄存器，物料块转向中间变量表如表6-6所示。

表6-5　码垛放置部分中间变量表

序号	寄存器	数值	说明
1	LR［206］	{15，0，0，0，0，0}	*X*轴方向偏移量
2	LR［207］	{0，15，0，0，0，0}	*Y*轴方向偏移量
3	LR［208］	{0，0，20，0，0，0}	*Z*轴方向偏移量

表6-6　物料块转向中间变量表

序号	寄存器	数值	说明
1	LR［209］	{0，0，0，90，0，0}	吸盘姿态转向90°

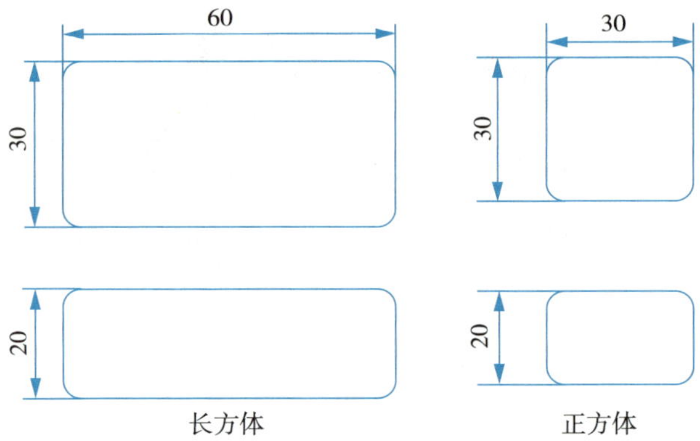

图6-14　码垛模块物料块尺寸

（六）点位计算

完成中间变量设置后，根据设置的变量及吸取部分、放置部分位置，可以计算出每个物料块各点的具体位置。图6-15所示为物料块码垛放置位置。下面以物料块31为例，介绍点位的计算方法。

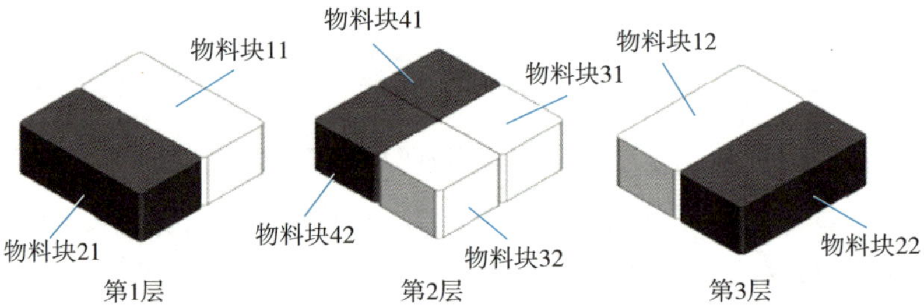

图6-15　物料块码垛放置位置

（1）对该物料块的各点位进行编号。物料块31各点位的编号如表6-7所示。

表6-7　物料块31各点位的编号表

物料块31	吸取过渡点	吸取点	放置过渡点	放置点
点位代号	LR［19］	LR［20］	LR［21］	LR［22］

（2）计算吸取点LR［20］数值。

*X*轴方向：*X*轴方向相对物料块11无偏移，不调用寄存器变量。

*Y*轴方向：*Y*轴方向相对物料块11往负方向偏移（67+51.5）mm，对应使用寄存器–LR［204］–LR［205］。

Z轴方向：Z轴方向相对物料块11无偏移，不调用寄存器变量。

吸取点LR［20］数值的计算方式是：将X轴、Y轴、Z轴使用的寄存器相加，再加上物料块11取料位LR［1］。由此可得出吸取点LR［20］数值为LR［1］–LR［204］–LR［205］。

（3）计算吸取过渡点LR［19］数值。

由于吸取过渡点LR［19］是在LR［20］的Z轴正方向上偏移30mm，即LR［201］，故吸取过渡点LR［19］的数值为LR［1］–LR［204］–LR［205］+LR［201］。

（4）计算放置点LR［22］数值。

X轴方向：X轴方向相对物料块11无偏移，不调用寄存器变量。

Y轴方向：Y轴方向相对物料块11往正方向偏移15mm，对应使用寄存器LR［207］。

Z轴方向：Z轴方向相对物料块11往正方向偏移20mm，对应使用寄存器LR［208］。

可得出放置点LR［22］数值为LR［2］+LR［207］+LR［208］。

（5）计算放置过渡点LR［21］数值。

由于放置过渡点LR［21］是在LR［22］的Z轴正方向上偏移30mm，即LR［201］，故放置过渡点LR［21］的数值为LR［2］+LR［207］+LR［208］+LR［201］。

采用同样的计算方法，完成所有需要码垛的物料块点位的计算。码垛物料块各点位偏移量数值如表6–8所示。

表6–8　码垛物料块各点位偏移量数值

编号	点位代号	数值	坐标系
11	吸取过渡点LR［11］	LR［1］+LR［201］	工具坐标系1
	吸取点LR［12］	LR［1］	
	放置过渡点LR［13］	LR［2］+LR［201］	
	放置点LR［14］	LR［2］	
12	吸取过渡点LR［41］	LR［1］+LR［202］+LR［201］	工具坐标系1
	吸取点LR［42］	LR［1］+LR［202］	
	放置过渡点LR［43］	LR［2］+LR［206］*2–LR［207］+LR［208］*2+LR［209］+LR［201］	
	放置点LR［44］	LR［2］+LR［206］*2–LR［207］+LR［208］*2+LR［209］	
21	吸取过渡点LR［15］	LR［1］–LR［205］+LR［201］	工具坐标系1
	吸取点LR［16］	LR［1］–LR［205］	

续表

编号	点位代号	数值	坐标系
21	放置过渡点LR［17］	LR［2］+LR［206］*2+LR［201］	工具坐标系1
	放置点LR［18］	LR［2］+LR［206］*2	
22	吸取过渡点LR［45］	LR［1］+LR［202］–LR［205］+LR［201］	工具坐标系1
	吸取点LR［46］	LR［1］+LR［202］–LR［205］	
	放置过渡点LR［47］	LR［2］+LR［206］*2+LR［207］+LR［208］*2+LR［209］+LR［201］	
	放置点LR［48］	LR［2］+LR［206］*2+LR［207］+LR［208］*2+LR［209］	
31	吸取过渡点LR［19］	LR［1］–LR［204］–LR［205］+LR［201］	工具坐标系1
	吸取点LR［20］	LR［1］–LR［204］–LR［205］	
	放置过渡点LR［21］	LR［2］+LR［207］+LR［208］+LR［201］	
	放置点LR［22］	LR［2］+LR［207］+LR［208］	
32	吸取过渡点LR［49］	LR［1］+LR［202］–LR［204］–LR［205］+LR［201］	工具坐标系1
	吸取点LR［50］	LR［1］+LR［202］–LR［204］–LR［205］	
	放置过渡点LR［51］	LR［2］+LR［206］*2+LR［207］+LR［208］+LR［201］	
	放置点LR［52］	LR［2］+LR［206］*2+LR［207］+LR［208］	
41	吸取过渡点LR［23］	LR［1］–LR［203］–LR［204］–LR［205］+LR［201］	工具坐标系1
	吸取点LR［24］	LR［1］–LR［203］–LR［204］–LR［205］	
	放置过渡点LR［25］	LR［2］–LR［207］+LR［208］+LR［201］	
	放置点LR［26］	LR［2］–LR［207］+LR［208］	
42	吸取过渡点LR［53］	LR［1］+LR［202］–LR［203］–LR［204］–LR［205］+LR［201］	工具坐标系1

续表

编号	点位代号	数值	坐标系
42	吸取点LR[54]	LR[1]+LR[202]–LR[203]–LR[204]–LR[205]	工具坐标系1
	放置过渡点LR[55]	LR[2]+LR[206]*2–LR[207]+LR[208]+LR[201]	
	放置点LR[56]	LR[2]+LR[206]*2–LR[207]+LR[208]	

二、编制程序

（一）程序结构分析

由码垛任务描述可以知道，机器人进行了三类动作，分别是机器人取夹具、机器人搬运物料、机器人放夹具。对于所有物料块码垛程序而言，程序结构是相似的，因此将程序结构设计为机器人拾取夹具、机器人放置夹具、机器人搬运物料，分别编制子程序，进行复制，然后修改每个程序物料块对应点位，完成各个物料块子程序的编写。

（二）设计运行流程图

（1）设计整体运行流程图。

根据机器人码垛程序的结构分析，设计机器人码垛整体运行流程如图6–16所示。

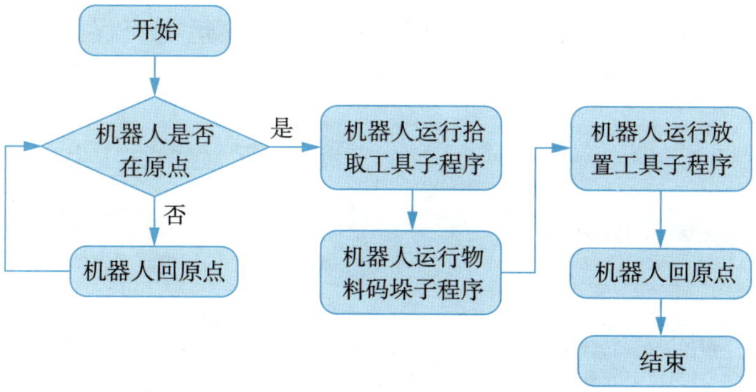

图6–16　机器人码垛整体运行流程图

（2）设计拾取工具子程序运行流程图。

设计机器人拾取工具子程序运行流程，如图6–17所示。

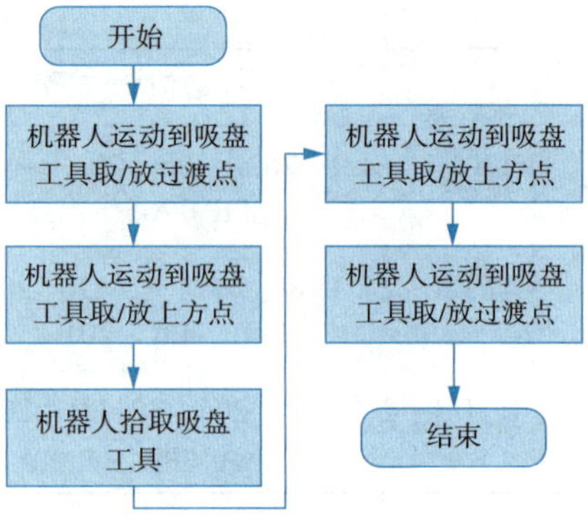

图6-17 拾取工具子程序运行流程图

（3）设计放置工具子程序运行流程图。

设计机器人放置工具子程序运行流程，如图6-18所示。

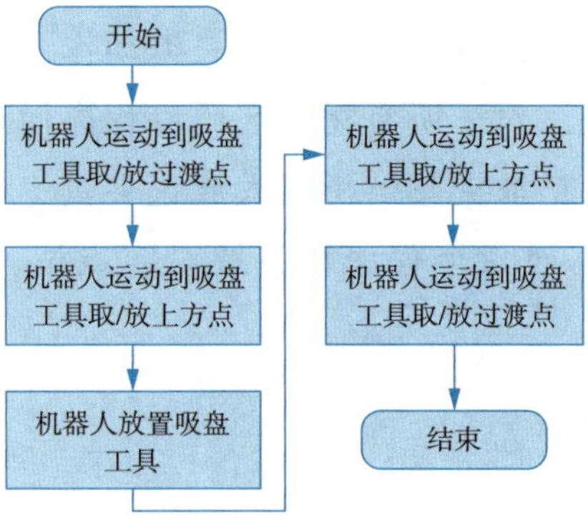

图6-18 放置工具子程序运行流程图

（4）设计码垛运行流程图。

设计每一个物料块的码垛运行流程，搬运物料子程序运行流程如图6-19所示。

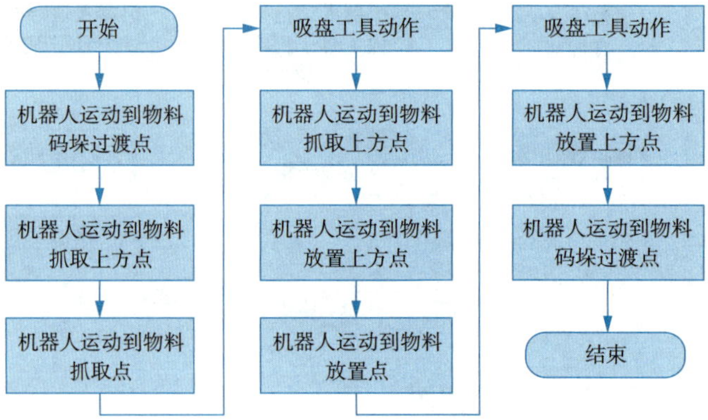

图6-19 搬运物料子程序运行流程图

（三）编写示教程序

（1）设置机器人运动参数。

（2）新建名为“MADUO”的主程序。

（3）为方便多次调用，分布式新建拾取吸盘工具子程序“QXP”、放置吸盘工具子程序“FXP”、物料码垛子程序“WLMD”。

（4）按照程序流程编写并保存程序。

参考程序如下。

主程序“MADUO.PRG”

```
J JR［0］                                  '机器人回原点
DO［8］=ON                                 '快换松打开
DO［9］=OFF                                '快换紧关闭
DO［12］=OFF                               '吸盘关闭
WAIT TIME=500                              '延时0.5s
CALL "QXP.PRG"                             '调用取吸盘工具
'11#物料块参数实例化
LR［50］=LR［1］+LR［201］                 '计算取料上方点
LR［51］=LR［1］                           '计算取料点
LR［52］=LR［2］+LR［201］                 '计算放置上方点
LR［53］=LR［2］                           '计算放置点
CALL“WLMD.PRG”                             '调用物料码垛子程序
'21#物料块参数实例化
LR［50］=LR［1］-LR［205］+LR［201］
LR［51］=LR［1］-LR［205］
LR［52］=LR［2］+LR［206］*2+LR［201］
LR［53］=LR［2］+LR［206］*2
CALL“WLMD.PRG”                             '调用物料码垛子程序
'31#物料块参数实例化
LR［50］=LR［1］-LR［204］-LR［205］+LR［201］
LR［51］=LR［1］-LR［204］-LR［205］
LR［52］=LR［2］+LR［207］+LR［208］+LR［201］
LR［53］=LR［2］+LR［207］+LR［208］
CALL“WLMD.PRG”                             '调用物料码垛子程序
```

```
'32#物料块参数实例化
LR［50］=LR［1］+LR［202］-LR［204］-LR［205］+LR［201］
LR［51］=LR［1］+LR［202］-LR［204］-LR［205］
LR［52］=LR［2］+LR［206］*2+LR［207］+LR［208］+LR［201］
LR［53］=LR［2］+LR［206］*2+LR［207］+LR［208］
CALL "WLMD.PRG"                '调用物料码垛子程序
'41#物料块参数实例化
LR［50］=LR［1］-LR［203］-LR［204］-LR［205］+LR［201］
LR［51］=LR［1］-LR［203］-LR［204］-LR［205］
LR［52］=LR［2］-LR［207］+LR［208］+LR［201］
LR［53］=LR［2］-LR［207］+LR［208］
CALL "WLMD.PRG"                '调用物料码垛子程序
'42#物料块参数实例化
LR［50］=LR［1］+LR［202］-LR［203］-LR［204］-LR［205］+LR［201］
LR［51］=LR［1］+LR［202］-LR［203］-LR［204］-LR［205］
LR［52］=LR［2］+LR［206］*2-LR［207］+LR［208］+LR［201］
LR［53］=LR［2］+LR［206］*2-LR［207］+LR［208］
CALL "WLMD.PRG"                '调用物料码垛子程序
'12#物料块参数实例化
LR［50］=LR［1］+LR［202］+LR［201］
LR［51］=LR［1］+LR［202］
LR［52］=LR［2］+LR［206］*2-LR［207］+LR［208］*2+LR［209］+LR［201］
LR［53］=LR［2］+LR［206］*2-LR［207］+LR［208］*2+LR［209］
CALL "WLMD.PRG"                '调用物料码垛子程序
'22#物料块参数实例化
LR［50］=LR［1］+LR［202］-LR［205］+LR［201］
LR［51］=LR［1］+LR［202］-LR［205］
LR［52］=LR［2］+LR［206］*2+LR［207］+LR［208］*2+LR［209］+LR［201］
LR［53］=LR［2］+LR［206］*2+LR［207］+LR［208］*2+LR［209］
CALL "WLMD.PRG"                '调用物料码垛子程序
CALL "FXP.PRG"                 '调用放吸盘工具
J JR［0］                      '机器人回原点
```

```
'取吸盘工具子程序“QXP.PRG”
J JR［1］CNT=1                    '快速运动至取（放）工具过渡点
LR［0］=LR［10］                  '将LR［10］赋值给LR［0］
LR［0］［2］=LR［10］［2］+50      '计算工具上方点
J LR［0］                         '快速运动至吸盘工具锁紧位上方点
L LR［10］VEL=100                 '直线运动至吸盘工具锁紧位
DO［8］=OFF                       '关闭快换松
DO［9］=ON                        '打开快换紧
WAIT TIME=500                     '延时0.5s
L LR［0］                         '直线运动至吸盘工具锁紧位上方点
J JR［1］                         '快速运动至取（放）工具过渡点

'放吸盘工具子程序“FXP.PRG”
J JR［1］CNT=1                    '快速运动至取（放）工具过渡点
LR［0］=LR［10］                  '将LR［10］赋值给LR［0］
LR［0］［2］=LR［10］［2］+50      '计算工具上方点
J LR［0］                         '快速运动至吸盘工具锁紧位上方点
L LR［10］VEL=100                 '直线运动至吸盘工具锁紧位
DO［8］=ON                        '打开快换松
DO［9］=OFF                       '关闭快换紧
WAIT TIME=500                     '延时0.5s
L LR［0］                         '直线运动至吸盘工具锁紧位上方点
J JR［1］CNT=1                    '快速运动至取（放）工具过渡点

'物料码垛子程序“WLMD.PRG”
J JR［2］                         '快速运动至码垛过渡点
UTOOL_NUM=1                       '调用默认工具坐标系
L LR［50］                        '直线运动至取料上方点
L LR［51］VEL=100                 '直线运动至取料点
WAIT TIME=500                     '延时0.5s
DO［12］=ON                       '打开吸盘
WAIT TIME=500                     '延时0.5s
L LR［50］                        '直线运动至取料上方点
```

```
J LR [52]                    '快速运动至放料上方点
L LR [53] VEL=100            '直线运动至放料点
WAIT TIME=500                '延时0.5s
DO [12] =OFF                 '关闭吸盘
WAIT ITME=500                '延时0.5s
L LR [52]                    '直线运动至放料上方点
UTOOL_NUM=-1                 '调用默认工具坐标系
J JR [2]                     '快速运动至码垛过渡点
```

三、程序检查

在程序编写完成后，首次运行程序前应进行检查，以保证程序的正常运行。在程序的编写和运行过程中难免会遇到错误，若程序有语法错误，则示教器信息窗口将显示报警、出错程序及出错行号，若程序无错误，则检查完成。

四、运行调试

在手动模式T1下，加载主程序“MADUO”，若无报警，证明程序不存在语法问题，接下来切换至单步方式，以20%速度倍率执行程序，根据运动规划逐行检验程序的可行性。

在自动模式下，以50%速度倍率执行程序，完成物料块的码垛。

工业机器人码垛

项目报告

班级		姓名		学号	
指导教师			时间	年　月　日	
课程名称					
项目	工业机器人码垛应用编程				
学习目标	了解工业机器人码垛应用，掌握工业机器人寄存器指令的应用，完成码垛的程序编写与调试。 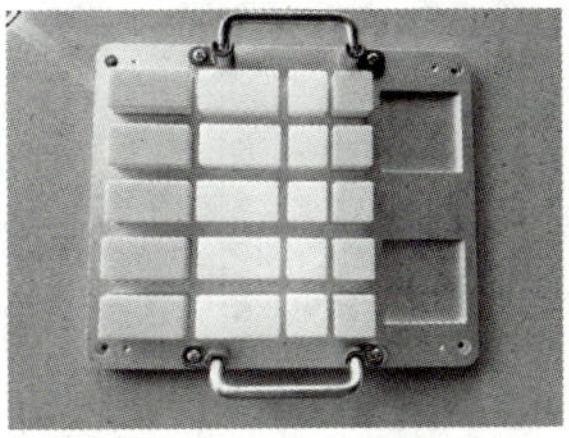				
注意事项	1.在教师的指导下完成实训任务。 2.在实训过程中不要乱改机器人的相关设置及参数。 3.在工业机器人运动过程中，禁止触碰工业机器人。 4.在工业机器人手动操作时尽量降低运行速度。 5.在运行过程中，注意机器人奇异点位置。 6.工业机器人运动异常时，应及时按下急停开关。				
学习任务	任务1：寄存器指令				
	1.运用R寄存器编写一个可执行的程序。 2.运用JR寄存器编写一个可执行的程序。 3.运用LR寄存器编写一个可执行的程序。 4.运用JR［ ］［ ］寄存器编写一个可执行的程序。 5.运用LR［ ］［ ］寄存器编写一个可执行的程序。				

<table>
<tr><td rowspan="2">学习任务</td><td>任务 2：码垛的编程与调试</td></tr>
<tr><td>1. 码垛的运动规划。

2. 码垛程序的编写及运行操作。

3. 整体运行及调试。</td></tr>
<tr><td>学习心得</td><td></td></tr>
</table>

项目评价

工业机器人码垛应用编程				
职业素养（40分）				
序号	内容	自评	互评	师评
1	正确穿戴工作服和安全帽（10分）			
2	安全规范地使用工具、量具（10分）			
3	安全文明地使用示教器（10分）			
4	环境摆放及“8S”现场（10分）			
技能操作（60分）				
1	搬运物料运动规划（10分）			
2	程序编写及示教（5分）			
3	物料的码垛（30分）			
4	手动单步调试程序（5分）			
5	自动连续运行完整过程（10分）			
综合评价				

项目七

工业机器人搬运应用编程

项目分析

在工业生产中采用工业机器人搬运可大幅度提高生产效率，节省劳动成本，提高定位精度，降低搬运过程中的产品损坏率。华数机器人在诸多领域有搬运应用，如物流运输、周转、仓储、机床上下料等，如图 7–1 所示。本项目以完成搬运模块的多个工件的搬运为目标，介绍工业机器人搬运应用流程，运用机器人指令完成程序的创建、编写，实现工件的搬运过程，并对运行轨迹进行节拍优化，搬运模块如图 7–2 所示。

图 7–1　工业机器人搬运应用

图7-2　搬运模块

工业机器人搬运应用案例

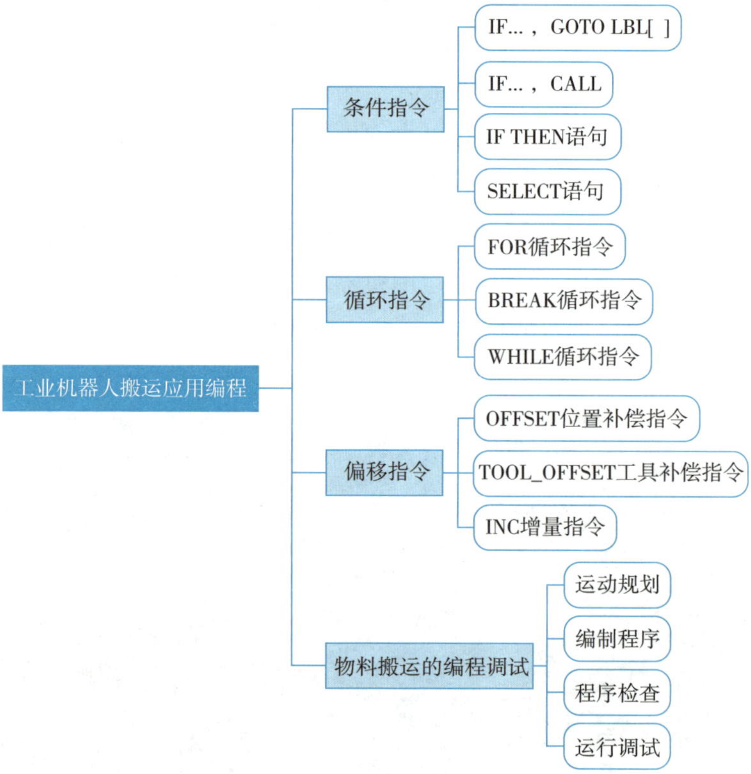

学习目标

知识目标

- 了解工业机器人搬运过程。

- 掌握工业机器人条件指令的应用。
- 掌握工业机器人循环指令的应用。
- 掌握工业机器人偏移指令的应用。
- 掌握工业机器人的实际应用编程方法。

能力目标

- 能够熟练使用用基础编程指令。
- 能够运用循环指令编制复杂的程序任务。
- 能够完成工业机器人装配程序的编写与调试。

素养目标

- 通过学习知识，养成自主学习和终身学习的习惯。
- 通过项目实施，养成精益求精、追求卓越的工匠精神。
- 通过组内合作，提高团队协作能力及责任意识。

相关知识

一、条件指令

在工业机器人的程序控制中，条件指令用于程序条件判断、逻辑处理，包括IF和SELECT两种条件。

（一）IF…，GOTO LBL［ ］

1. IF…，GOTO LBL［ ］指令说明

IF…，GOTO LBL［ ］，当条件成立时，则执行GOTO部分代码块；当条件不成立时，则顺序执行IF下一行开始的程序块。

2. IF…，GOTO LBL［ ］指令语法

IF <condition>, GOTO LBL［1］

3. IF…，GOTO LBL［ ］指令示例

```
IF DI［1］=ON，GOTO LBL［1］        '如果条件为真，直接跳转至标签［1］
J P［1］VEL=50
J P［2］VEL=50
```

LBL［1］

DI［1］=OFF

在以上语句中，如果DI［1］=ON，则直接跳转到LBL［1］后开始执行，当条件为假时，从上往下顺序执行。

4. IF…，GOTO LBL［ ］应用示例

（1）通过IF GOTO语句实现：条件输出R［1］=1，运动到P1点，R［1］=2，运动到P2点，R［1］=3，运动到P3点。

IF R［1］=1，GOTO LBL［1］

IF R［1］=2，GOTO LBL［2］

IF R［1］=3，GOTO LBL［3］

GOTO LBL［4］

LBL［1］

J P［1］

GOTO LBL［4］

LBL［2］

J P［2］

GOTO LBL［4］

LBL［3］

J P［3］

LBL［4］

（2）通过IF GOTO语句实现：循环程序3次后，退出循环。

R［1］=0

LBL［1］

IF R［1］>3 GOTO LBL［2］

J P［1］

J P［2］

R［1］=R［1］+1

GOTO LBL［1］

LBL［2］

5. IF…，GOTO LBL［ ］指令操作步骤

步骤1：选中需要添加IF…，GOTO LBL［ ］指令行的上一行。

步骤2：选择“指令”→“条件指令”→“IF”→“选项”，进入IF指令编辑界面，如图7–3所示。

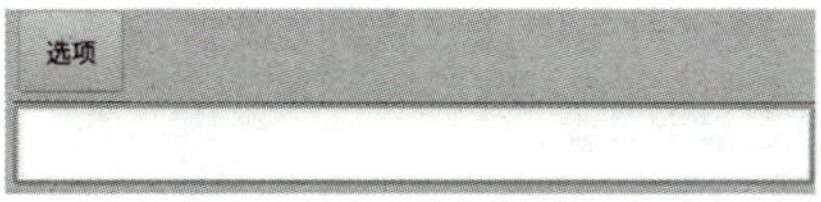

图7-3　IF指令编辑界面

步骤3：单击修改框上方的“选项”，弹出IF条件编辑界面，单击选项，可以增加条件、修改条件、删除条件等，在记录该语句时会按照添加顺序依次连接条件列表，如图7-4所示。

步骤4：单击操作栏中的“上升”或“下降”，可上下移动条件的位置。

步骤5：单击“增加分组”，弹出复选框，可选中条件组合完成小括号。

步骤6：选中第1～3列条件复选框，再单击“完成分组”。

步骤7：如图7-5所示，选中第1行，如再单击“解除分组”，即可还原到图7-4所示状态。

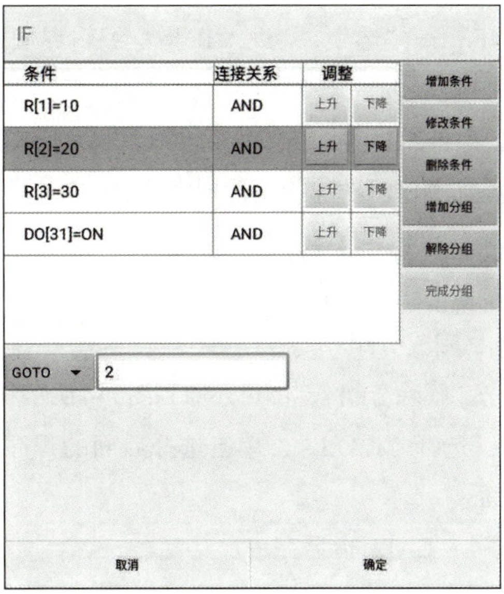

图7-4　IF条件编辑界面

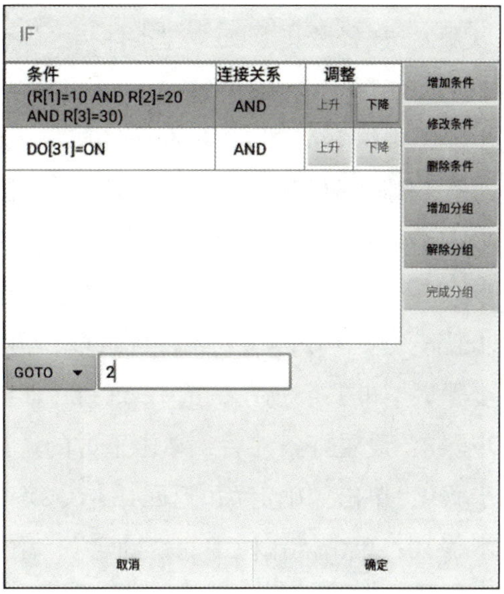

图7-5　IF条件编辑界面2

步骤8：设置好条件后，单击下方的选择框，选择“GOTO”，在后面的输入框输入对应的标签号。

步骤9：单击“确定”返回IF指令编辑界面。

步骤10：单击操作栏中的“确定”，添加IF…，GOTO LBL［ ］指令完成。

（二）IF…，CALL

1. IF…，CALL指令说明

当条件成立时，则执行子程序.PRG代码内容后再顺序往下执行；当条件不成立时，则执行IF下一行开始的程序内容，忽略调用的子程序。

2. IF…，CALL指令语法

IF <condition>，CALL程序名.PRG

3. IF…，CALL指令示例

IF DI［1］=ON，CALL TEST.PRG

J JR［1］VEL=50

DO［1］=OFF

在以上语句中，当DI［1］=ON条件满足时，则优先调用TEST.PRG子程序的程序内容，执行完成后，再执行J JR［1］VEL=50、DO［1］=OFF及后面的指令；否则忽略程序TEST.PRG，执行J JR［1］VEL=50、DI［1］=OFF及之后的程序块。

4. IF…，CALL指令操作步骤

步骤1：选中需要添加IF…，CALL指令行的上一行。

步骤2：选择“指令”→“条件指令”→“IF”→“选项”，进入IF指令编辑界面，如图7–3所示。

步骤3：单击修改框上方的“选项”，弹出IF条件编辑界面，单击选项，可以增加条件、修改条件、删除条件等，在记录该语句时会按照添加顺序依次连接条件列表，如图7–4所示。

步骤4：单击操作栏中的“上升”或“下降”，可上下移动条件的位置。

步骤5：单击“增加分组”，弹出复选框，可选中条件组合完成小括号。

步骤6：选中第1～3列条件复选框，再单击“完成分组”。

步骤7：如图7–5所示，选中第1行，如再单击“解除分组”，即可还原到图7–4所示状态。

步骤8：设置好条件后，单击下方的选择框，选择“CALL”，单击选择后面的程序。

步骤9：单击“确定”，返回IF指令编辑界面。

步骤10：单击操作栏中的“确定”，添加IF…，CALL指令完成。

（三）IF THEN语句

1. IF THEN语句指令说明

IF…（如果…成立），THEN（则）……。该指令用来控制程序在某条件成立的情况下才执行相应的操作，可与ELSE指令配合使用。

2. IF THEN语句指令语法

IF < condition > THEN

'程序内容

{ELSE

'程序内容

}

END IF

其中“{}”括起来的部分为可选内容。ELSE表示当IF后面跟的条件不成立时，会执行其后面的程序语句。

3. IF THEN语句指令示例

（1）条件满足执行。

```
J P [1]
IF DI [1] =ON THEN          '当DI [1] =ON满足时执行下面的指令
J P [1]
END IF
```

（2）配合ELSE指令使用。

```
IF DI [1] =ON THEN          '当DI [1] =ON满足时执行J P [1]；当不满足时执行J P [2]
J P [1]
ELSE
J P [2]
END IF
```

IF条件支持算术运算符如表7-1所示。

表7-1　IF条件支持算术运算符

运算符	运算规则	示例（x=5，y=2）
+	左边和右边加法运算	7
-	左边和右边减法运算	3
*	左边和右边乘法运算	10
/	左边和右边除法运算	2.5
MOD	左边和右边除法运算取余数	1
DIV	左边和右边除法运算取整数	2

IF条件支持逻辑运算符如表7-2所示。

表7-2　IF条件支持逻辑运算符

运算符	运算
AND	一假为假
OR	一真为真
NOT	逻辑运算取反

IF条件支持比较运算符如表7–3所示。

表7–3 IF条件支持比较运算符

运算符	运算
=	等于
<>	不等于
<	小于
>	大于
<=	小于等于
>=	大于等于

MOD指令：除法运算取余数。优先级和*、/一样。

DIV指令：除法运算取整数。优先级和*、/一样。

NOT：逻辑运算取反。优先级最高。

4. IF THEN语句指令操作步骤

步骤1：选中需要添加IF THEN语句指令行的上一行。

步骤2：选择“指令”→“条件指令”→“IF”→“选项”，进入IF指令编辑界面，如图7–3所示。

步骤3：单击修改框上方的“选项”，弹出IF条件编辑界面，单击选项，可以增加条件、修改条件、删除条件等，在记录该语句时会按照添加顺序依次连接条件列表，如图7–4所示。

步骤4：单击操作栏中的“上升”或“下降”，可上下移动条件的位置。

步骤5：单击“增加分组”，弹出复选框，可选中条件组合完成小括号。

步骤6：选中第1～3列条件复选框，再单击“完成分组”。

步骤7：如图7–5所示，选中第1行，如再单击“解除分组”，即可还原到图7–4所示状态。

步骤8：设置好条件后，单击下方的选择框，选择“THEN”，单击选择后面的程序。

步骤9：单击“确定”，返回IF指令编辑界面。

步骤10：单击操作栏中的“确定”，添加IF THEN语句指令完成。

步骤11：选择IF结束位置指令行。

步骤12：选择“指令”→“循环指令”→“END IF”，进入END IF指令编辑界面，如图7–6所示。

步骤13：单击操作栏中的“确定”，添加END IF指令成功。

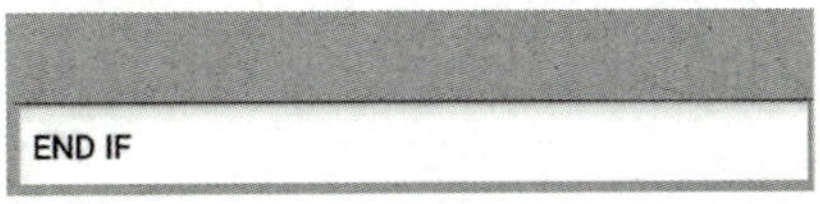

图7-6　END IF指令编辑界面

（四）SELECT语句

1. SELECT语句指令说明

将CASE后的值与SELECT后的寄存器存储数值进行比较，如果相等，则执行该行CASE后的流程指令（GOTO或CALL），后续与SELECT关联的CASE指令和ELSE指令不再执行；如果不相等，则不执行该行对应的流程指令（CALL或GOTO LBL[ ]），并执行下一行CASE指令或ELSE指令。

2. SELECT语句指令语法

SELECT R［X］

CASE X，GOTO LBL［X］

CASE X，CALL XXX

ELSE，GOTO LBL［X］/CALL XXX

3. SELECT语句指令示例

SELECT R［0］

CASE 1，GOTO LBL［1］

CASE 2，GOTO LBL［2］

CASE 3，CALL"RT.PRG" ′补充说明：若这里的3也为1，R［0］=1时，只执行一次前面的LBL［1］

ELSE，CALL"HS.PRG"′在实际使用时，该行指令不必须存在

上述程序依次从上往下执行，对R［0］进行匹配，当R［0］=1时，程序运动到P1点，当R［0］=2时，程序运动到P2点，当R［0］=3时，程序运动到P3点，当R［0］不等于1/2/3时，程序执行ELSE指令部分的子程序HS.PRG的内容（ELSE也可以接GOTO），再顺序往下执行。

注　意

SELECT、CASE、ELSE（非必须存在）需配合使用，缺失时会报程序语法错误。

4. SELECT语句指令操作步骤

步骤1：选中需要添加SELECT语句指令行的上一行。

步骤2：选择“指令”→“条件指令”→“SELECT”，进入SELECT指令编辑界面，如图7–7所示。

图7–7　SELECT指令编辑界面

步骤3：在输入框中输入R寄存器序号。

步骤4：单击操作栏中的“确定”，完成添加SELECT语句指令。

步骤5：选择“指令”→“条件指令”→“CASE”，进入CASE指令编辑界面，如图7–8所示。

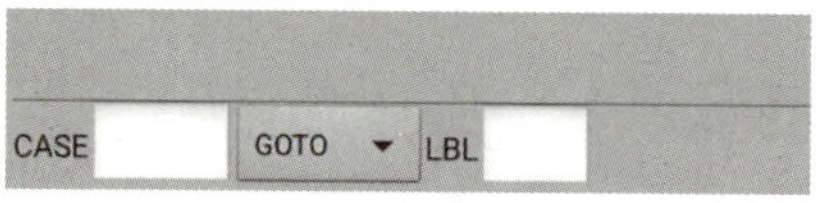

图7–8　CASE指令编辑界面

步骤6：在第一个输入框中输入数字，若在选择框中选择“GOTO”，则在“LBL”后面的输入框中输入标签号，若选择“CALL”，则单击选择子程序。

步骤7：单击操作栏中的“确定”，添加CASE指令完成。

步骤8：选择“指令”→“循环指令”→“ELSE”，进入ELSE指令编辑界面，如图7–9所示。

图7–9　ELSE指令编辑界面

步骤9：若在选择框中选择“GOTO”，则在“LBL”后面的输入框中输入标签号，若选择“CALL”，则单击选择子程序。

步骤10：单击操作栏中的“确定”，添加ELSE指令成功。

条件指令

二、循环指令

（一）FOR循环指令

1. FOR循环指令说明

FOR循环指令定义一个变量的初始值和最终值，以及步进值（即每次值递增的大小），判断循环变量值是否小于等于最终值，若为真则执行循环，若为假则退出循环，以最近的一个END FOR为结尾构成一个循环体。

2. FOR循环指令语法

FOR R［X］=<Start Value>TO<End Value>{BY<Stepsize>}

'程序内容

END FOR

3. FOR循环指令示例

FOR R［1］=0 TO 3 BY 1

J P［1］VEL=50

J P［2］VEL=50　　　　'两点之间循环运动

END FOR

在上述程序中，循环体变量R［1］的初始值为0，最终值为3，步进值为1，则每次循环增加1。第1次循环将0赋值给R［1］，第2次循环R［1］=R［1］+步进值=1，第3次循环R［1］=2，第4次循环R［1］=3，满足最终值，循环结束，共循环4次。

4. FOR循环指令操作步骤

步骤1：选择需要插入的指令行的上一行。

步骤2：选择“指令”→“循环指令”→“FOR”，进入FOR指令编辑界面，如图7–10所示。

图7–10　FOR指令编辑界面

步骤3：依次设置初始值、最终值。

步骤4：单击“设置步进”，设置步进值，单击“确定”。

步骤5：单击操作栏中的“确定”，添加FOR条件。

步骤6：选择循环结束位置指令行。

步骤7：选择“指令”→“循环指令”→“END FOR”，进入END FOR指令编辑界面，如图7–11所示。

图7-11　END FOR指令编辑界面

步骤8：单击操作栏中的“确定”，添加FOR循环指令成功。

（二）BREAK循环指令

1. BREAK循环指令说明

BREAK循环指令用于中断程序循环，执行到该行指令时，退出结束当前循环体。

2. BREAK循环指令语法

FOR R［X］=<START VALUE>TO<END VALUE>{STEP<STEPSIZE>}

′程序内容

BREAK

END FOR

3. BREAK循环指令示例

LBL［1］

FOR R［1］=R［2］TO R［3］BY R［4］

J P［1］VEL=50

J P［2］VEL=50　　　　′两点之间循环运动

BREAK　　　　′执行到BREAK指令，中断，退出当前循环体

END FOR

当以上程序执行到BREAK指令时，无论是否等于最终值，皆中断，退出当前循环体，即停止该循环体的循环。

4. BREAK循环指令操作步骤

步骤1：选择需要插入的指令行的上一行。

步骤2：选择“指令”→“循环指令”→“BREAK”，进入BREAK指令编辑界面，如图7-12所示。

图7-12　BREAK指令编辑界面

步骤3：单击操作栏中的“确定”，添加BREAK循环指令成功。

（三）WHILE循环指令

1. WHILE循环指令说明

WHILE循环指令根据条件表达式判断循环是否结束，当条件为真时，持续循环；当条件为假时，退出循环体。注意：WHILIE循环指令，以最近的一个END WHILE为结尾构成一个循环体。

2. WHILE循环指令语法

WHILE <condition>

'程序内容

END WHILE

3. WHILE循环指令示例

```
R［1］=0                 '设置R［1］的初始值为0
WHILE R［1］<3
J P［1］VEL=50
J P［2］VEL=50           '两点之间循环运动
R［1］=R［1］+1          '循环次数计数：每次循环自动加1
END WHILE
```

以上程序中，循环体变量R［1］的初始值为0，条件表达式R［1］的各次循环依次为1、2、3，第4次循环R［1］=3，小于3的条件不满足，退出循环，因此共循环3次。

> **注　意**
>
> WHILE循环体也可接BREAK指令，用法与FOR循环指令相同，执行到BREAK指令时，退出当前循环体,可参考FOR语句的示例程序。

4. WHILE循环指令操作步骤

步骤1：选择需要插入的指令行的上一行。

步骤2：选择“指令”→“循环指令”→“WHILE”→“选项”，进入WHILE条件编辑界面，如图7–13所示。

步骤3：单击“增加条件”→“R［1］=0”→“确定”。

步骤4：连续单击“确定”，添加“WHILE R［1］=0”。

步骤5：选择“指令”→“循环指令”→“END WHILE”，进入END WHILE指令编辑界面，如图7–14所示。

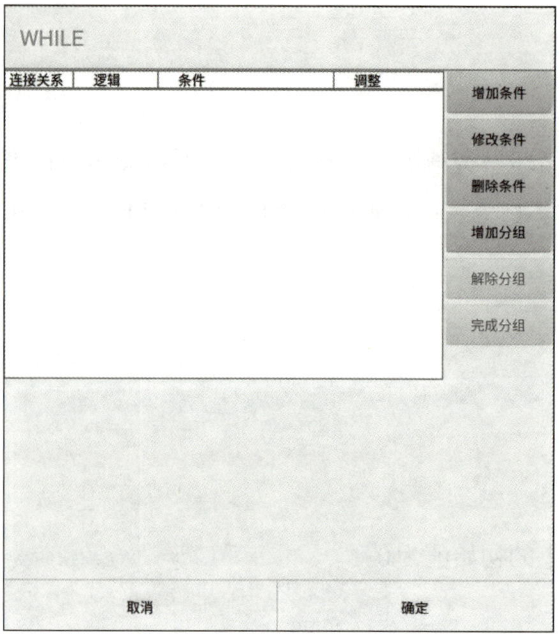

图7–13　WHILE条件编辑界面

图7–14　END WHILE指令编辑界面

步骤6：单击操作栏中的“确定”，添加WHILE循环指令完成。

循环指令

三、偏移指令

偏移指令是在机器人的固定点位信息中进行补偿的，根据实际使用需求，可分为绝对偏移指令和增量偏移指令。其中，绝对偏移指令可分为位置补偿指令和工具补偿指令。

（一）OFFSET位置补偿指令

1. OFFSET位置补偿指令说明

OFFSET位置补偿指令是在用户坐标系下进行补偿的。位置补偿指令分为条件位置补偿指令和直接补偿指令。

2. OFFSET位置补偿指令语法

（1）OFFSET CONDITION=（value）

（2）J <target position>，OFFSET（value）

（3）L <target position>，OFFSET（value）

（4）C CirclePoint=<vector> TargetPoint=<vector>，OFFSET（value）

（5）A <target point>，OFFSET（value）

其中value可以无，也可以取位置寄存器（JR［ ］、LR［ ］）、位置变量（P［ ］）。

3. OFFSET位置补偿指令示例

OFFSET CONDITION=JR［2］　　'定义全局位置补偿量

J JR［0］　　'正确运动到JR［0］坐标位置

J JR［1］，OFFSET　　'JR［1］+JR［2］运动到一个重新计算出来的位置

以上程序将JR［2］赋值给全局的位置偏移量，依次运动到JR［0］点（没带OFFSET，无须偏移），执行到最后一行时，将会运动到一个重新偏移补偿的位置，即JR［3］=JR［1］+JR［2］（带OFFSET，而OFFSET CONDITION的值为JR［2］）。

J JR［0］　　'正确运动到JR［0］坐标位置

J JR［1］，OFFSET JR［2］　　'JR［1］+JR［2］运动到一个重新计算出来的位置

在以上程序中，机器人依次运动到JR［0］点（没带OFFSET，无须偏移），执行到最后一行时，将会运动到一个重新偏移补偿的位置，即JR［3］=JR［1］+JR［2］（带OFFSET JR［2］，直接偏移量为JR［2］）。

注　意

①运动指令J JR［1］OFFSET，若前面未定义OFFSET CONDITION指令，运行时报未设置OFFSET值。②运动指令J JR［1］OFFSET、J JR［1］OFFSET JR［2］，若执行该指令前，中途修改JR［2］点位信息，则偏移量也会同步变化。③补偿点位置的坐标表现形式可以与目标点不一致（例如目标点用关节坐标系，补偿点位置用笛卡尔坐标系）。④圆弧指令补偿时，只对终点进行补偿，不对圆弧过渡点进行补偿。

4.OFFSET位置补偿指令操作步骤

步骤1：选中需要添加OFFSET位置补偿指令行的上一行。

步骤2：选择“指令”→“运动指令”→“附加指令”，进入附加指令编辑界面。

步骤3：选中OFFSET位置补偿复选框，设置“位置补偿”选项，如图7-15所示。

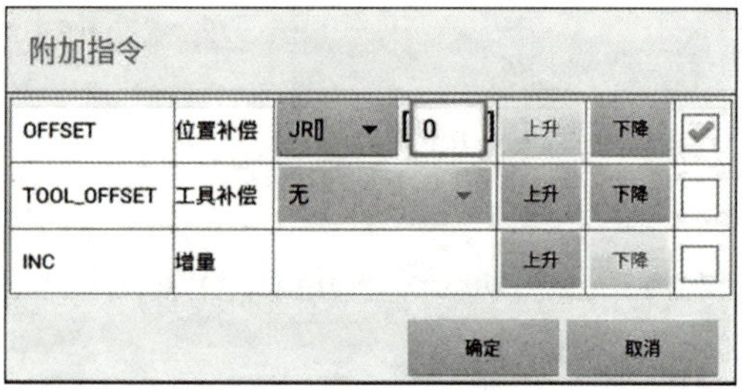

图7-15 OFFSET位置补偿指令编辑界面

步骤4：单击“确定”，设置运动指令点位，再单击操作栏中的“确定”，OFFSET位置补偿指令添加完成。

5.OFFSET全局偏移量操作步骤

步骤1：选中需要插入的指令行的上一行。

步骤2：选择“指令”→“赋值指令”，单击左侧的输入框，第二个下拉框选择“全局变量”，滑动选择“OFFSET_CONDITION”，如图7-16所示。

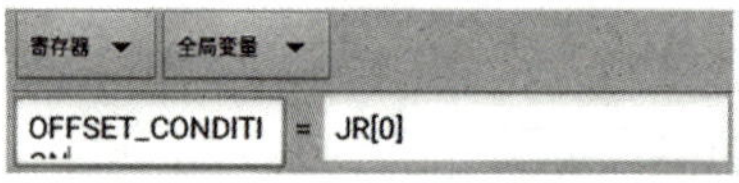

图7-16 赋值指令编辑界面1

步骤3：单击右侧的输入框，第一个下拉框选择“寄存器”，选择“JR [ ]”或“LR [ ]”，也可以选择“运算符”进行计算，如图7-17所示。

图7-17 OFFSET全局偏移量编辑界面1

步骤4：单击操作栏中的“确定”，OFFSET全局偏移量添加完成。

（二）TOOL_OFFSET工具补偿指令

1. TOOL_OFFSET工具补偿指令说明

TOOL_OFFSET工具补偿指令：机器人运动到目标点位在工具坐标系下的补偿位置，具体表现为先将对应的X、Y、Z值进行工具坐标系方向的平移，然后在当前位置的基础上进行绕工具Z轴旋转，完成后绕工具Y轴旋转，最后绕工具X轴旋转，实际表现为连贯，在沿工具坐标系方向平移时，对应的姿态角不变。在绕工具坐标系方向变换时，位置不变。工具补偿指令在示教器上共有两种表现方式，一种通过条件位置补偿指令表示，另一种通过直接补偿指令表示。

2. TOOL_OFFSET 工具补偿指令语法

（1）TOOL_OFFSET CONDITION=（value）

（2）J <target position>，TOOL_OFFSET（value）

（3）L <target position>，TOOL_OFFSET（value）

（4）C CirclePoint=<vector> TargetPoint=<vector>，TOOL_OFFSET（value）

（5）A <target point>，TOOL_OFFSET（value）

其中value可以无，也可以取位置寄存器（LR[ ]）。

3. TOOL_OFFSET 工具补偿指令示例

TOOL_OFFSET CONDITION=LR[2]	'定义全局位置补偿量
J JR[0]	'未设置偏移量，直接运动到JR[0]
J JR[1]，TOOL_OFFSET	'运动到JR[1]+LR[2]位置

以上程序将JR[2]赋值给全局的位置偏移量，机器人依次运动到JR[0]点（没带偏移量），执行到最后一行时，机器人从JR[0]直接运动到JR[1]+LR[2]位置。

J JR[0]	'正确运动到JR[0]坐标位置
J JR[1]，TOOL_OFFSET LR[2]	'JR[1]+JR[2]运动到一个重新计算出来的位置

在以上程序中，机器人依次运动到JR[0]点（未设置偏移量），执行到最后一行时，将会运动到一个重新计算出来的位置，机器人从JR[0]直接运动到JR[1]+LR[2]位置。

注 意

①运动指令J JR[1] TOOL_OFFSET，若前面未定义TOOL_OFFSET CONDITION指令，运行时报未设置OFFSET值。②运动指令J JR[1] TOOL_OFFSET、J JR[1] TOOL_OFFSET LR[2]，若执行该指令前，中途修改TOOL_OFFSET偏移量JR[2]点位信息，则偏移量也会同步变化。③补偿点位置的坐标表现形式可以与目标点不一致（例如目标点用关节坐标系，补偿点位置用笛卡尔坐标系）。④圆弧指令补偿时，只对终点进行补偿，不对圆弧过渡点点位进行补偿。⑤工具补偿量只可用LR变量。

4.TOOL_OFFSET 工具补偿指令操作步骤

步骤1：选中需要添加TOOL_OFFSET工具补偿指令行的上一行。

步骤2：选择“指令”→“运动指令”→“附加指令”，进入附加指令编辑界面。

步骤3：选中TOOL_OFFSET工具补偿复选框，设置“位置补偿”选项，如图7-18所示。

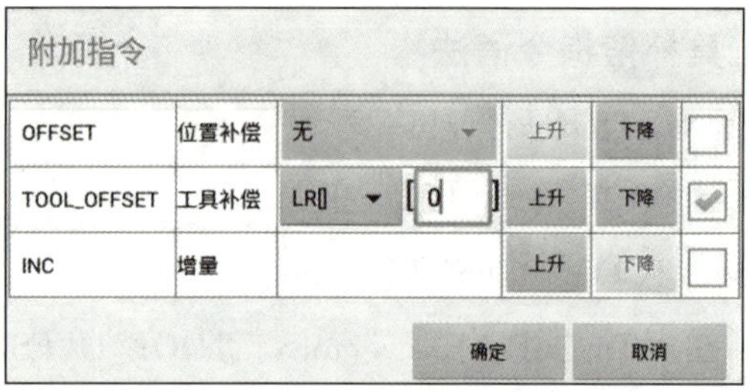

图7-18　TOOL_OFFSET工具补偿指令编辑界面

步骤4：单击“确定”，设置运动指令点位，再单击操作栏中的“确定”，TOOL_OFFSET工具补偿指令添加完成。

5. TOOL_OFFSET全局偏移量操作步骤

步骤1：选中需要插入的指令行的上一行。

步骤2：选择“指令”→“赋值指令”，单击左侧的输入框，第二个下拉框选择“全局变量”，滑动选择“TOOL_OFFSET_CONDITION”，如图7-19所示。

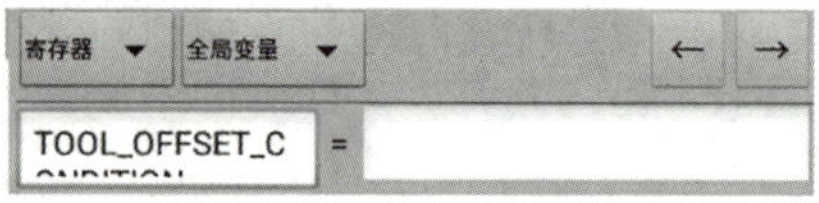

图7-19　赋值指令编辑界面2

步骤3：单击右侧的输入框，第一个下拉框选择“寄存器”，选择“JR[ ]”或“LR[ ]”，也可以选择“运算符”进行计算，如图7-20所示。

图7-20　OFFSET全局偏移量编辑界面2

步骤4：单击操作栏中的“确定”，OFFSET全局偏移量添加完成。

偏移指令

（三）INC增量指令

1. INC增量指令说明

INC增量指令也称为相对运动指令：机器人在当前位置的基础上进行运动，表示含义为将所记录的点位寄存器值作为当前机器人的相对移动量，使机器人移动。J R[ ]，INC是单独的运动程序行，其中R[ ]为相对运动点位与机器人当前位置的距离，可以为关节坐标值，也可以为笛卡尔坐标值。

2. INC 增量指令语法

（1）J <target position>，INC

（2）L <target position>，INC

3. INC 增量指令示例

J JR［0］　　　　'运动到JR［0］

J JR［1］INC　　'基于上一个点做增量运动，运动到JR［0］+JR［1］

J JR［2］INC　　'基于上一个点做增量运动，运动到JR［0］+JR［1］+JR［2］

以上程序中，循环体变量R［1］的初始值为0，条件表达式R［1］的各次循环依次为1、2、3，第4次循环R［1］=3，小于3的条件不满足，退出循环，因此共循环3次。

例如，JR［0］={0，−90，180，0，90，0}，JR［1］={10，10，10，10，10，10}，JR［2］={−5，−5，−5，−5，−5，−5}，执行过程为机器人关节运动到JR［0］点，第二行J JR［1］基于上一个点做相对运动，将运动到JR［0］+JR［1］，第三行，机器人运动到JR［0］+JR［1］+JR［2］。

依次运动三个点的坐标如下。

J JR［0］={0，−90，180，0，90，0}。

J JR［1］=JR［0］+JR［1］={0，−90，180，0，90，0}+{10，10，10，10，10，10}={10，−80，190，10，80，10}。

J JR［2］=JR［1］+JR［2］=JR［0］+JR［1］+JR［2］={0，−90，180，0，90，0}+{10，10，10，10，10，10}+{−5，−5，−5，−5，−5，−5}={5，−85，185，5，75，5}。

4. INC 增量指令操作步骤

步骤1：选中需要添加INC增量指令行的上一行。

步骤2：选择“指令”→“运动指令”→“附加指令”，进入附加指令编辑界面。

步骤3：选中INC增量复选框，如图7-21所示。

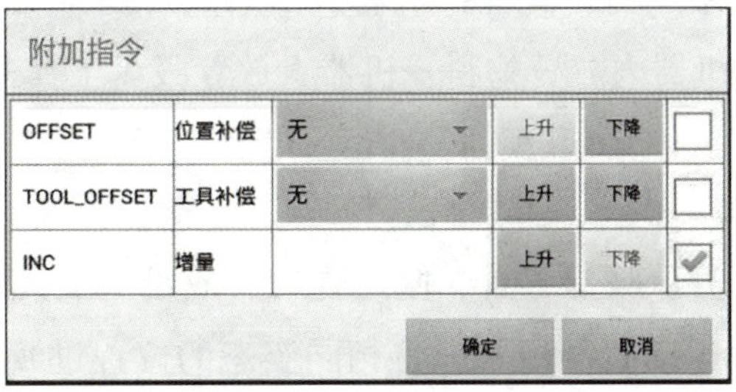

图7-21　INC 增量指令编辑界面

步骤4：单击“确定”，设置运动指令点位，再单击操作栏中的“确定”，INC增量指令添加完成。

INC 增量指令

项目实施

若要完成搬运物料的应用编程，需经过4个环节，包括运动规划、编制程序、程序检查及运行调试。

一、运动规划

（一）流程规划

工业机器人的搬运是指物料在物料放置架和物料放置架之间进行运送和转移，为避免在搬运过程中出现碰撞、干涉、掉件等意外，斜面搬运模块左右各有9个模块放置位。共有9个工件放置在左侧，且每一个都标有序号（1~9），编制的程序需要满足机器人自动安装夹具，自动完成搬运物料，搬运完成后机器人能够自动将夹具放回快换夹具模块上的合适位置。搬运物料块时，机器人多次做重复的动作，工业机器人搬运的动作可分解为抓取物料、移动物料、放下物料。

根据搬运要求，确定搬运物料流程：机器人回原点→机器人取吸盘工具→机器人抓取物料→机器人移动物料→机器人放置物料→机器人放置吸盘工具→机器人回原点。

（二）路径规划

搬运物料路径规划分为取吸盘工具、搬运物料、放吸盘工具。根据机器人需要完成的搬运动作，对机器人进行运动路径规划。将相同姿态的位置过渡点合并为1个，并缩短过渡点到目标点位置的距离，优化搬运路径，机器人搬运运动路径规划如图7-22所示。

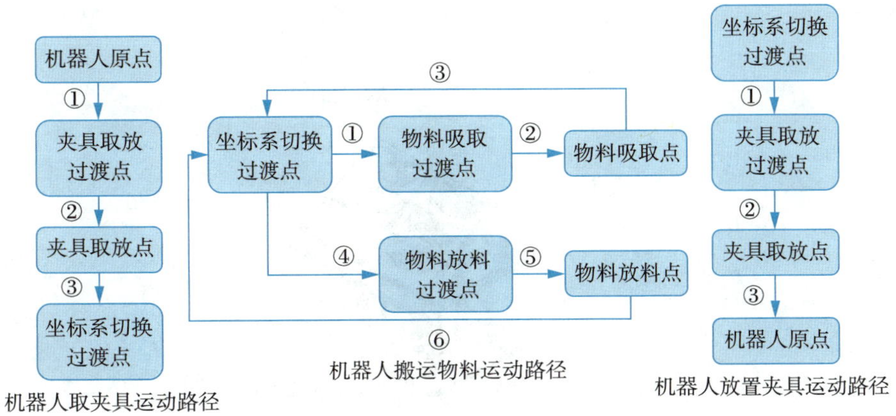

图7–22　机器人搬运运动路径规划图

（三）标定坐标系

在搬运作业过程中，为了精确控制精度，要求对机器人末端执行点轨迹进行连续控制。因此，需要对吸盘夹具进行工具坐标系标定，并保存在UT10坐标系中，标定好的吸盘工具坐标系如图7–23所示。

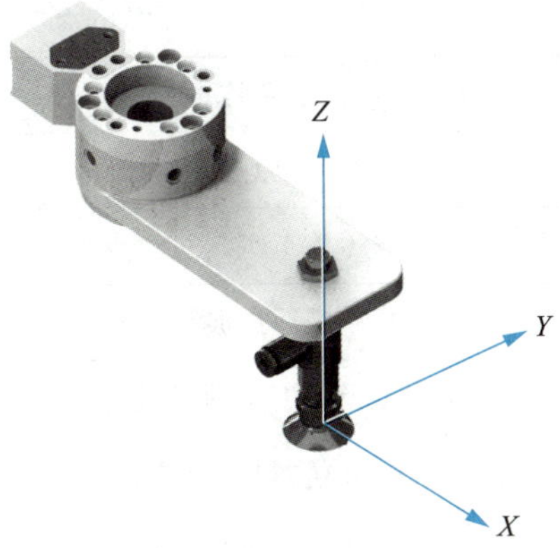

图7–23　吸盘工具坐标系

在搬运过程中，要考虑物料放置的位置。放料的物料位会有方向变化，在规划搬运路径的过程中要考虑这一点。机器人在示教点位的时候要调整机器人的位置与姿态。机器人示教在笛卡尔坐标系或工件坐标系下进行，可以方便地调整机器人的位姿。

在搬运过程中以物料放置架建立工件坐标系。标定工件坐标系时，将第一个工业机器人到达的标定点标定为坐标原点，将工业机器人的工具中心点沿工件坐标的+*X*方向移动一段距离作为*X*方向的延伸点，再从工件坐标系*XOY*平面选取任意点作为*Y*方向延伸点，保

证 OX 与 OY 方向是相互垂直的，通过这 3 个点进行标定，计算出工件坐标系 UF1，如图 7–24 所示。

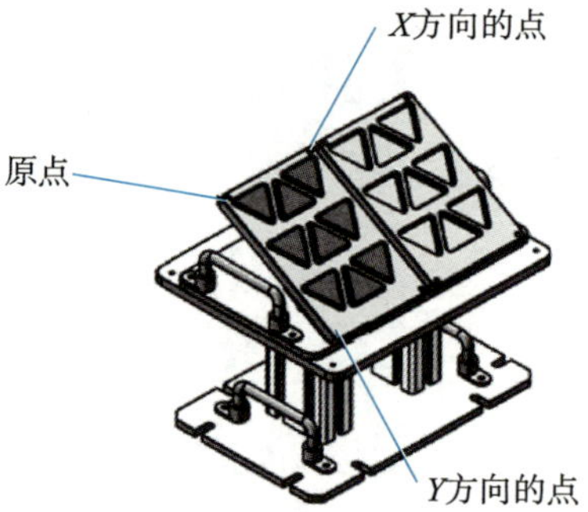

图 7–24　物料架工件坐标系

（四）点位示教

根据流程规划和路径规划，规划程序所用的寄存器点位，手动操作机器人完成搬运必须点位的示教。机器人搬运必须进行示教的点位如表 7–4 所示。完成表 7–4 中点位的示教后，其余的点位都可以通过计算求出。

表 7–4　机器人搬运必须示教的点位

序号	标号	名称	点位说明
1	JR [0]	原点	世界坐标系
2	JR [1]	取（放）工具过渡点	世界坐标系
3	JR [2]	搬运过渡点	
4	LR [10]	吸盘工具锁紧位	世界坐标系
5	LR [11]	1# 物料取料位	工件坐标系 1，工具坐标系 10
6	LR [21]	1# 物料放料位	工件坐标系 1，工具坐标系 10

（五）设置寄存器

搬运模块物料块间尺寸如图 7–25 所示。根据搬运模块物料块间尺寸，设置搬运吸取部分中间变量，并将变量保存到 LR 寄存器中，将物料块吸取过渡点与吸取点的距离、物料块放料过渡点与放料点的距离设置为 30mm，由于机器人在搬运过程中，部分物料块需要转向 180° 及转回，故设置转向用寄存器，设置搬运中间变量表，如表 7–5 所示。

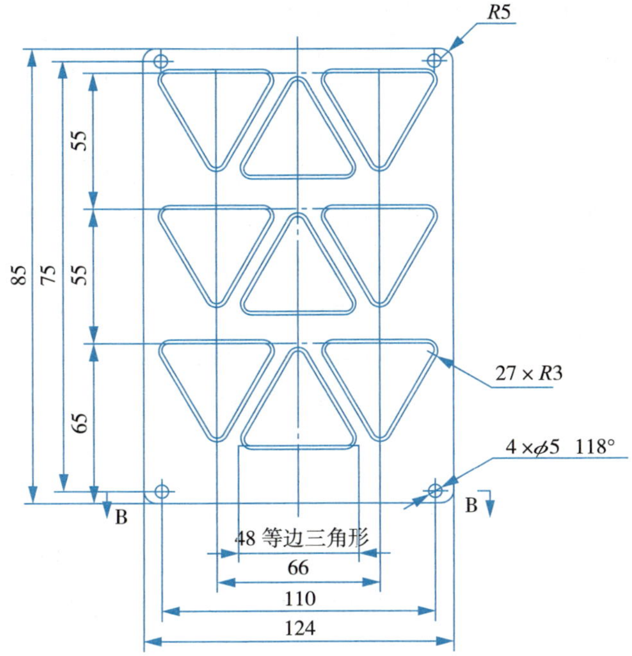

图7-25 搬运模块物料块间尺寸

表7-5 搬运中间变量表

序号	寄存器	数值	说明
1	LR［101］	{0, 0, 30, 0, 0, 0}	*Z*轴方向偏移量
2	LR［102］	{33, 0, 0, 0, 0, 0}	*X*轴方向偏移量
3	LR［103］	{0, 55, 0, 0, 0, 0}	*Y*轴方向偏移量
4	LR［104］	{0, 0, 0, 180, 0, 0}	吸盘姿态转向180°

（六）偏移量计算

完成中间变量设置后，根据设置的变量及吸取部分、放置部分位置，可以计算出每个物料块各点的偏移量。下面以2号物料块为例，介绍点位计算方法。

（1）对该物料块的各点位进行编号。2号物料块各点位偏移量编号如表7-6所示。

表7-6 2号物料块各点位偏移量编号表

2号物料块	吸取/放置过渡点偏移量	吸取/放置点偏移量
点位代号	LR［112］	LR［12］

（2）计算吸取/放置点偏移量LR［12］数值。

X轴方向：该点X轴方向相对1号物料块取料点往正方向偏移33mm，对应使用寄存器LR［102］。

Y轴方向：该点Y轴方向相对1号物料块取料点无偏移，不调用寄存器变量。

Z轴方向：该点Z轴方向相对1号物料块取料点无偏移，不调用寄存器变量。

A轴方向：该点A轴方向相对1号物料块取料点旋转了180°，对应使用寄存器LR［104］。

吸取/放置点偏移量LR［12］数值的计算方式是将X轴、Y轴、Z轴、A轴使用的寄存器相加，再加上1号物料取料位LR［11］。由此可得出吸取/放置点偏移量LR［12］数值为LR［102］+LR［104］。

（3）计算吸取/放置过渡点偏移量LR［112］数值。

由于吸取/放置过渡点偏移量LR［112］是在点位LR［12］的Z轴正方向上偏移30mm，即LR［101］，故吸取/放置过渡点偏移量LR［112］的数值为LR［102］+LR［104］+LR［101］。

（4）采用同样的计算方法，可以完成所有需要搬运的物料块点位偏移量的计算。物料块各点位偏移量数值如表7–7所示。

表7–7　物料块各点位偏移量数值

物料块	点位偏移量	数值	坐标系
1	吸取/放置过渡点	LR［101］	工具坐标系10，工件坐标系1
	吸取/放置点	0	工具坐标系10，工件坐标系1
2	吸取/放置过渡点	LR［102］+LR［104］+LR［101］	工具坐标系10，工件坐标系1
	吸取/放置点	LR［102］+LR［104］	工具坐标系10，工件坐标系1
3	吸取/放置过渡点	LR［102］*2+LR［101］	工具坐标系10，工件坐标系1
	吸取/放置点	LR［102］*2	工具坐标系10，工件坐标系1
4	吸取/放置过渡点	LR［103］+LR［101］	工具坐标系10，工件坐标系1
	吸取/放置点	LR［103］	工具坐标系10，工件坐标系1
5	吸取/放置过渡点	LR［102］+LR［103］+LR［104］+LR［101］	工具坐标系10，工件坐标系1
	吸取/放置点	LR［102］+LR［103］+LR［104］	工具坐标系10，工件坐标系1
6	吸取/放置过渡点	LR［102］*2+LR［103］+LR［101］	工具坐标系10，工件坐标系1
	吸取/放置点	LR［102］*2+LR［103］	工具坐标系10，工件坐标系1

续表

物料块	点位偏移量	数值	坐标系
7	吸取/放置过渡点	LR［103］*2+LR［101］	工具坐标系10，工件坐标系1
	吸取/放置点	LR［103］*2	工具坐标系10，工件坐标系1
8	吸取/放置过渡点	LR［102］+LR［103］*2+LR［104］+LR［101］	工具坐标系10，工件坐标系1
	吸取/放置点	LR［102］+LR［103］*2+LR［104］	工具坐标系10，工件坐标系1
9	吸取/放置过渡点	LR［102］*2+LR［103］*2+LR［101］	工具坐标系10，工件坐标系1
	吸取/放置点	LR［102］*2+LR［103］*2	工具坐标系10，工件坐标系1

（5）偏移量计算优化。

从表7–7中需要搬运的物料块点位偏移量中发现，4号和7号物料块只在*Y*轴方向与1号物料块有间距，2号、5号、8号物料块在*X*轴和*A*轴方向与1号物料块有间距，3号、6号、9号物料块在*X*轴和*Y*轴方向与1号物料块有间距，因此可以对物料块点位偏移量的计算进行优化处理，具体如表7–8所示。

表7–8　物料块点位偏移量的优化计算

物料块	点位偏移量	数值	说明
1、4、7	吸取/放置过渡点	R［10］DIV 3 * LR［103］+LR［101］	R［10］数值为1~9，代表物料编号
	吸取/放置点	R［10］DIV 3 * LR［103］	
2、5、8	吸取/放置过渡点	R［10］DIV 3 * LR［102］+ LR［104］+LR［101］	
	吸取/放置点	R［10］DIV 3 * LR［102］+ LR［104］	
3、6、9	吸取/放置过渡点	LR［102］*2+R［10］DIV 3 * LR［103］+LR［101］	
	吸取/放置点	LR［102］*2+R［10］DIV 3 * LR［103］	

二、编制程序

（一）程序结构分析

由搬运物料任务描述可以知道，机器人进行了三类动作，分别是机器人取夹具、机器人搬运物料、机器人放夹具。因此将程序结构设计为机器人拾取夹具、机器人放置夹具、机器人搬运物料，且分别编制子程序。

（二）设计运行流程图

（1）设计整体运行流程图。

根据机器人搬运的程序结构分析，设计机器人搬运物料整体运行流程，如图7–26所示。

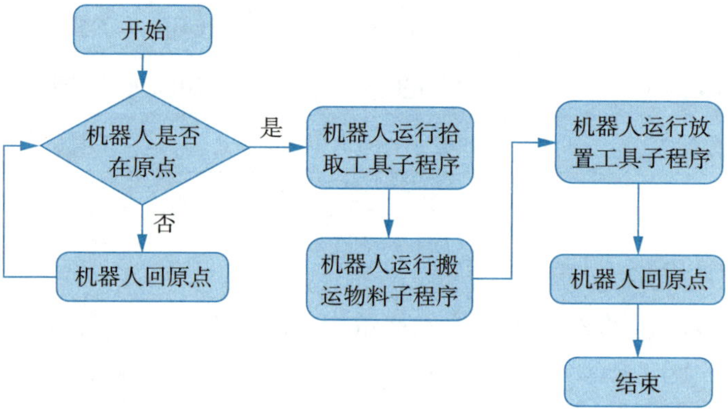

图7–26　机器人搬运物料整体运行流程图

（2）设计拾取工具子程序运行流程图。

设计机器人拾取工具子程序运行流程，如图7–27所示。

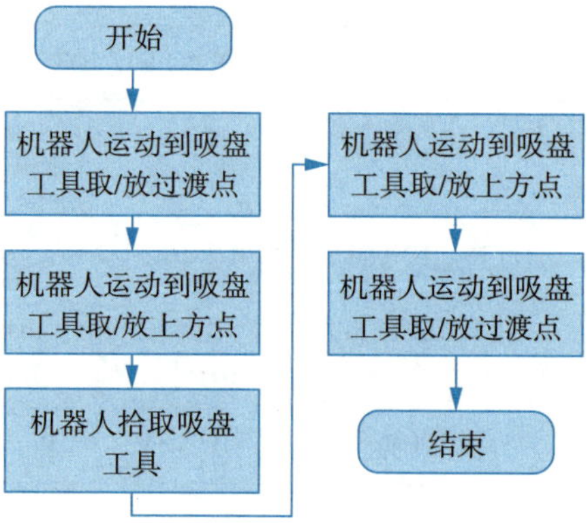

图7–27　机器人拾取工具子程序运行流程图

（3）设计放置工具子程序运行流程图。

设计机器人放置工具子程序运行流程，如图7–28所示。

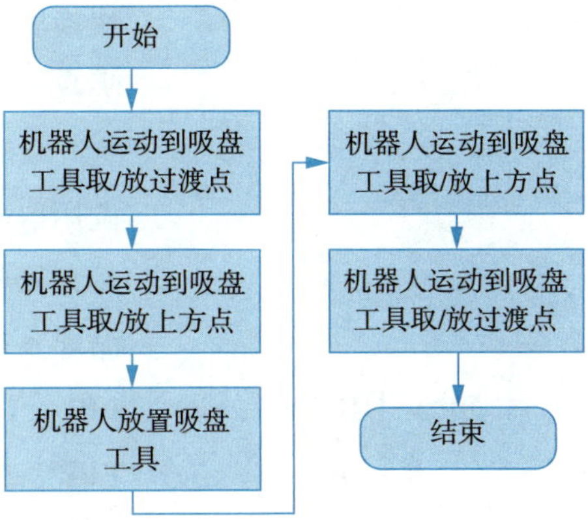

图7-28　机器人放置工具子程序运行流程图

（4）设计搬运物料运行流程图。

设计机器人搬运物料子程序运行流程，如图7-29所示。

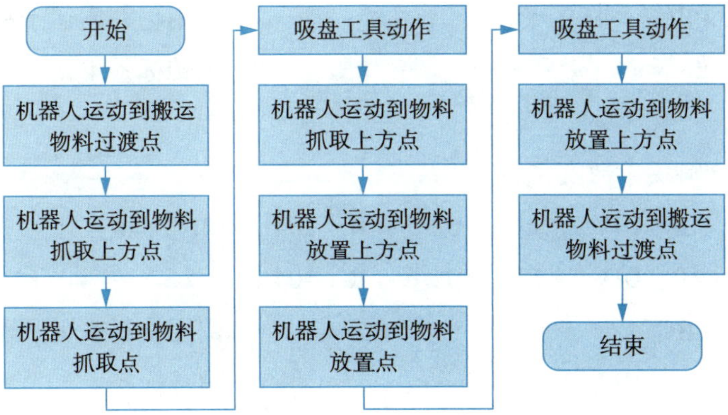

图7-29　机器人搬运物料子程序运行流程图

（三）编写示教程序

（1）设置机器人运动参数。

（2）新建名为“BANYUN”的主程序。

（3）为方便多次调用，分布式新建拾取吸盘工具子程序“QXP”、放置吸盘工具子程序“FXP”、搬运物料子程序“WLBY”。

（4）按照程序流程编写并保存程序。

参考程序如下。

主程序“BANYUN.PRG”

```
DO [ 8 ] =ON                                    '快换松打开
```

```
DO [ 9 ] =OFF                                        '快换紧关闭
DO [ 12 ] =OFF                                       '吸盘关闭
WAIT TIME=500                                        '延时0.5s
CALL "QXP.PRG"                                       '调用取吸盘工具
R [ 10 ] =1                                          '寄存器初始化赋值
WHILE R [ 10 ] <10                                   '循环条件判断
IF R [ 10 ] =1 OR R [ 10 ] =4 OR R [ 10 ] =7, GOTO LBL [ 1 ]  '条件跳转LBL [ 1 ]
IF R [ 10 ] =2 OR R [ 10 ] =5 OR R [ 10 ] =8, GOTO LBL [ 2 ]  '条件跳转LBL [ 2 ]
IF R [ 10 ] =3 OR R [ 10 ] =6 OR R [ 10 ] =9, GOTO LBL [ 3 ]  '条件跳转LBL [ 3 ]
LBL [ 1 ]
'1#、4#、7#物料块参数实例化
LR [ 50 ] =R [ 10 ] DIV 3*LR [ 103 ] +LR [ 101 ]     '计算取料/放置上方点偏移量
LR [ 51 ] =R [ 10 ] DIV 3*LR [ 103 ]                 '计算取料/放置点偏移量
CALL "WLBY.PRG"                                      '调用物料搬运子程序
GOTO LBL [ 4 ]                                       '跳转标签4
LBL [ 2 ]
'2#、5#、8#物料块参数实例化
LR [ 50 ] =R [ 10 ] DIV 3 * LR [ 102 ] +LR [ 104 ] +LR [ 101 ]
LR [ 51 ] =R [ 10 ] DIV 3 * LR [ 102 ] +LR [ 104 ]
CALL "WLBY.PRG"                                      '调用物料搬运子程序
GOTO LBL [ 4 ]                                       '跳转标签4
LBL [ 3 ]
'3#、6#、9#物料块参数实例化
LR [ 50 ] =LR [ 102 ]*2+R [ 10 ] DIV 3 * LR [ 103 ] +LR [ 101 ]
LR [ 51 ] =LR [ 102 ]*2+R [ 10 ] DIV 3 * LR [ 103 ]
CALL "WLBY.PRG"                                      '调用物料搬运子程序
GOTO LBL [ 4 ]                                       '跳转标签4
R [ 10 ] =R [ 10 ] +1                                '寄存器自动加1
END WHILE
CALL "FXP.PRG"                                       '调用放吸盘工具
J JR [ 0 ]                                           '机器人回原点

'取吸盘工具子程序"QXP.PRG"
```

```
J JR[1] CNT=1                         '快速运动至取(放)工具过渡点
LR[0]=LR[10]                          '将LR[10]赋值给LR[0]
LR[0][2]=LR[10][2]+50                 '计算工具上方点
J LR[0]                               '快速运动至吸盘工具锁紧位上方点
L LR[10] VEL=100                      '直线运动至吸盘工具锁紧位
DO[8]=OFF                             '关闭快换松
DO[9]=ON                              '打开快换紧
WAIT TIME=500                         '延时0.5s
L LR[0]                               '直线运动至吸盘工具锁紧位上方点
J JR[1]                               '快速运动至取(放)工具过渡点

'放吸盘工具子程序“FXP.PRG”
J JR[1] CNT=1                         '快速运动至取(放)工具过渡点
LR[0]=LR[10]                          '将LR[10]赋值给LR[0]
LR[0][2]=LR[10][2]+50                 '计算工具上方点
J LR[0]                               '快速运动至吸盘工具锁紧位上方点
L LR[10] VEL=100                      '直线运动至吸盘工具锁紧位
DO[8]=ON                              '打开快换松
DO[9]=OFF                             '关闭快换紧
WAIT TIME=500                         '延时0.5s
L LR[0]                               '直线运动至吸盘工具锁紧位上方点
J JR[1] CNT=1                         '快速运动至取(放)工具过渡点

'搬运物料子程序“WLBY.PRG”
UTOOL_NUM=10                          '调用10号工具坐标系
UFRAME_NUM=1                          '调用1号工件坐标系
J JR[2]                               '快速运动至搬运过渡点
L LR[11], OFFSET LR[50]               '直线运动至取料上方点
L LR[11] VEL=100, OFFSET LR[51]       '直线运动至取料点
WAIT TIME=500                         '延时0.5s
DO[12]=ON                             '打开吸盘
WAIT TIME=500                         '延时0.5s
L LR[11], OFFSET LR[50]               '直线运动至取料上方点
```

```
L LR［21］，OFFSET LR［50］                  '直线运动至放料上方点
L LR［21］VEL=100，OFFSET LR［51］           '直线运动至取料点
WAIT TIME=500                               '延时0.5s
DO［12］=OFF                                 '关闭吸盘
WAIT ITME=500                               '延时0.5s
L LR［21］，OFFSET LR［50］                  '直线运动至放料上方点
J JR［2］                                    '快速运动至搬运过渡点
UTOOL_NUM=-1                                '调用默认工具坐标系
UFRAME_NUM=-1                               '调用默认工件坐标系
```

三、程序检查

在程序编写完成后，首次运行程序前应进行检查，以保证程序的正常运行。在程序的编写和运行过程中难免会遇到错误，若程序有语法错误，则示教器信息窗口将显示报警、出错程序及出错行号，若程序无错误，则完成检查。

四、运行调试

在手动模式T1下，加载主程序“BANYUN”，若无报警，证明程序不存在语法问题，接下来切换至单步方式，以20%速度倍率执行程序，根据运动规划逐行检验程序的可行性。

在自动模式下，以50%速度倍率执行程序，完成搬运物料流程。

工业机器人搬运物料

项目报告

<table>
<tr><td>班级</td><td></td><td>姓名</td><td></td><td>学号</td><td></td></tr>
<tr><td>指导教师</td><td colspan="2"></td><td colspan="2">时间</td><td>年　月　日</td></tr>
<tr><td>课程名称</td><td colspan="5"></td></tr>
<tr><td>项目</td><td colspan="5">工业机器人搬运应用编程</td></tr>
<tr><td>学习目标</td><td colspan="5">了解工业机器人搬运应用，掌握工业机器人条件指令、循环指令、偏移指令的应用，完成搬运物料的程序编写与调试。
</td></tr>
<tr><td>注意事项</td><td colspan="5">1. 在教师的指导下完成实训任务。
2. 在实训过程中不要乱改机器人的相关设置及参数。
3. 在工业机器人运动过程中，禁止触碰工业机器人。
4. 在工业机器人手动操作时尽量降低运行速度。
5. 在运行过程中，注意机器人奇异点位置。
6. 工业机器人运动异常时，应及时按下急停开关。</td></tr>
<tr><td rowspan="2">学习任务</td><td colspan="5">任务 1：条件指令</td></tr>
<tr><td colspan="5">1. 运用 IF…，GOTO LBL [ ] 编写一个可执行的程序。

2. 运用 IF…，CALL 编写一个可执行的程序。

3. 运用 IF THEN 语句编写一个可执行的程序。

4. 运用 SELECT 语句编写一个可执行的程序。</td></tr>
</table>

学习任务	任务2：循环指令
	1. 运用FOR循环指令编写一个可执行的程序。 2. 运用WHILE循环指令编写一个可执行的程序。
	任务3：偏移指令
	1. 运用OFFSET位置补偿指令编写一个可执行的程序。 2. 运用TOOL_OFFSET工具补偿指令编写一个可执行的程序。

<table>
<tr><td rowspan="4">学习任务</td><td>任务4：搬运物料的编程与调试</td></tr>
<tr><td>1. 搬运物料的运动规划。
2. 搬运物料程序的编写及运行操作。
3. 整体运行及调试。</td></tr>
<tr><td>任务5：点位计算优化</td></tr>
<tr><td>1. 编写一个通用点位计算公式，满足9个物料块的取放料点。</td></tr>
</table>

学习心得	

项目评价

工业机器人搬运应用编程				
职业素养（40分）				
序号	内容	自评	互评	师评
1	正确穿戴工作服和安全帽（10分）			
2	安全规范地使用工具、量具（10分）			
3	安全文明地使用示教器（10分）			
4	环境摆放及“8S”现场（10分）			
技能操作（60分）				
1	搬运物料运动规划（10分）			
2	程序编写及示教（5分）			
3	9个物料块的搬运（30分）			
4	手动单步调试程序（5分）			
5	自动连续运行完整过程（10分）			
综合评价				

参考文献

［1］杨威，孙海亮，宋艳丽．工业机器人技术及应用［M］．武汉：华中科技大学出版社，2019.

［2］杨威，孙海亮．工业机器人装调维修工（中级、高级）［M］．北京：机械工业出版社，2020.

［3］叶伯生．工业机器人操作与编程［M］．3版．武汉：华中科技大学出版社，2023.

［4］戴凤智，乔栋．工业机器人技术基础及其应用［M］．北京：机械工业出版社，2020.

［5］郑丽梅，左湘，宁柯．工业机器人应用编程（华数）初级［M］．北京：机械工业出版社，2021.

［6］唐敏，张继媛．工业机器人编程与操作（ABB）［M］．北京：电子工业出版社，2021.